Mohadese Zarini

Análise dos desafios e dos novos métodos

Mohadese Zarini

Análise dos desafios e dos novos métodos

de Aulas de Matemática Aplicada

ScienciaScripts

Imprint

Any brand names and product names mentioned in this book are subject to trademark, brand or patent protection and are trademarks or registered trademarks of their respective holders. The use of brand names, product names, common names, trade names, product descriptions etc. even without a particular marking in this work is in no way to be construed to mean that such names may be regarded as unrestricted in respect of trademark and brand protection legislation and could thus be used by anyone.

Cover image: www.ingimage.com

This book is a translation from the original published under ISBN 978-620-6-77301-6.

Publisher:
Sciencia Scripts
is a trademark of
Dodo Books Indian Ocean Ltd. and OmniScriptum S.R.L publishing group

120 High Road, East Finchley, London, N2 9ED, United Kingdom
Str. Armeneasca 28/1, office 1, Chisinau MD-2012, Republic of Moldova, Europe
Printed at: see last page
ISBN: 978-620-7-95859-7

Examinando os desafios e os novos métodos das aulas de matemática aplicada

Por

Mohadese Zarini

Mestrado e professor de matemática, Irão

Dedicado aos Anjos Misericordiosos que:

O senhor dos mundos, que começou a guiar os seus servos com o ensinamento da pena.

Os meus pais, cuja presença é para mim uma coroa de honra e cujo nome é a razão da minha existência, porque estas duas existências, depois do Senhor, foram a fonte da minha existência, pegaram na minha mão e ensinaram-me a caminhar neste vale cheio de altos e baixos.

Conteúdo

Capítulo I

Uma introdução ao tema

Introdução

A importância e a necessidade da avaliação no processo das actividades educativas podem ser analisadas de duas perspectivas. O primeiro ponto de vista está relacionado com o planeador ou professor. De facto, ao planear o ensino e ao tomar decisões durante as actividades educativas, a fim de obter informações fiáveis sobre a preparação e o progresso académico dos alunos e a eficácia das suas actividades na sala de aula através da avaliação, o professor encontra informação e consciência sobre três categorias. Estas categorias incluem:

A) Problemas e deficiências nos elementos do plano de ensino (objectivos, conteúdos, métodos, materiais e instrumentos pedagógicos);

B) O nível de progresso académico dos alunos e a sua preparação para o ensino superior e

C) A eficácia do ensino e a adequação dos instrumentos utilizados para medir o progresso académico dos alunos. O segundo ponto de vista está relacionado com os alunos. De tal modo que, através da avaliação, os alunos são encorajados a desenvolver os seus aspectos positivos e a resolver as suas deficiências educativas com a ajuda e a orientação do professor, ao mesmo tempo que estão conscientes dos aspectos positivos e negativos do seu desempenho na aprendizagem (Mahmoodzadeh e Rahmani, 2008).

Enquanto isso, a avaliação da educação e a qualidade de sua implementação no período primário, que é realizada pelos professores, tem uma dupla importância; Porque a aprendizagem dos alunos do ensino fundamental em diferentes dimensões do conhecimento, atitude e habilidades é a base de sua outra aprendizagem. Kareshki, Momeni Mahmoei e Ghoreyshi (2014) também afirmam neste contexto que no período primário, enquanto enfatizam o reconhecimento das necessidades, caraterísticas, habilidades e talentos dos alunos, é dada atenção à aprendizagem significativa, profunda e contínua no campo da ciência e da prática a nível global. E isto mostra a necessidade e a importância de ter um bom sistema de avaliação para medir a realização destes objectivos.

A expansão da educação virtual que ocorreu após o surto do vírus Corona emergente; Os sistemas de ensino enfrentaram muitos desafios. Um desses desafios é a forma de avaliar correta e eficazmente no ensino básico. É claro que os ambientes virtuais de aprendizagem têm várias facilidades e capacidades, embora, por um lado, utilizando essas facilidades, possam ser utilizados métodos e estratégias eficazes para a avaliação real da aprendizagem dos alunos; mas, por outro lado, garantir a precisão e a validade dos métodos de avaliação virtual enfrenta muitos desafios e dificuldades devido ao desenvolvimento contínuo de ferramentas electrónicas (Jagin, 2009, 21). Merriott (2009, citado por Seraji, 2022), ao analisar este tipo de avaliação, menciona termos como "Avaliação da aprendizagem" e "Avaliação para a aprendizagem", sendo que o primeiro termo significa avaliação no final do processo de aprendizagem com o objetivo de determinar a quantidade de aprendizagem e o segundo termo refere-se à avaliação gradual, contínua e permanente. Por outras palavras, os ambientes virtuais de aprendizagem procuram encarar a avaliação a par do processo de ensino e aprendizagem, considerando-os complementares entre si. Considera que, com a utilização das novas tecnologias, tal como a aprendizagem é melhorada, também a avaliação é levada a tornar-se real e autêntica. A este respeito, as tecnologias baseadas na Web são atualmente utilizadas na avaliação do ensino em linha.

Por exemplo, Barahim e Lotfi (2018) mencionam neste contexto a análise dos efeitos de interação (incluindo a interação bidimensional inclusivo-inclusivo e a interação inclusivo-sistema), que é uma das ferramentas de avaliação utilizadas nos programas de E-learning para "Avaliar o nível de conhecimento dos alunos" e conduz ao aumento dos comportamentos de autorregulação no ensino e na aprendizagem por parte dos alunos.

Nee (2020) também afirma que os professores podem melhorar a qualidade da avaliação nas suas aulas em linha utilizando um "sistema de dados de acompanhamento visual". A utilização de novas tecnologias e ferramentas para a avaliação da aprendizagem eletrónica no mundo, enquanto as conclusões da investigação de Abbasi Kasani et al. Avaliar e a impossibilidade de avaliar vários aspectos da aprendizagem dos alunos no espaço virtual é um dos principais desafios da avaliação no Irão.

Hoje em dia, no Irão, a educação virtual na escola primária é feita pelo "Happy Software". Happy, ou a rede educativa para estudantes, é um programa que foi concebido com a difusão do Corona para a educação e as interações educativas entre professores e alunos e os seus pais através de telemóveis. Desde o início, a utilização deste programa enfrentou muitos desafios para os professores, especialmente para os professores com menos experiência em educação. A este respeito, alguns investigadores investigaram estes desafios.

Por exemplo, Haji, Mohammadi Mehr e Mohammad Azar (2021), em uma pesquisa para representar os problemas da educação no espaço virtual usando o programa feliz, que foi realizado pelo método fenomenológico; Eles descobriram que os problemas e desafios da educação neste programa do ponto de vista dos professores do ensino fundamental podem ser divididos em seis temas gerais de alunos e pais, professores, conteúdo, equipamento, organização e avaliação.

Os problemas relacionados com a "Avaliação" nesta investigação têm dois subtemas, nomeadamente "Falta de supervisão rigorosa e a ocorrência de fraudes" e "Falta de feedback adequado e presencial". Gholipour (2020) também realizou uma pesquisa com o objetivo de investigar os desafios e problemas da educação virtual do ponto de vista dos professores e utilizando o método de investigação fenomenológica. Os resultados da sua investigação mostraram que os desafios da educação virtual em 5 eixos principais incluem: Infraestrutura fraca, falta de ordem, falta de criatividade, falta de avaliação correta e falta de desenvolvimento de habilidades sociais.

Além disso, devido à falta de comunicação cara a cara e de ajuda dos pais aos filhos, não é possível fazer uma avaliação adequada dos alunos no ciberespaço. Abbasi, Hejazi e Hakimzadeh (2020) também realizaram uma investigação semelhante em termos de objetivo e método de investigação, ao mesmo tempo que abordaram uma série de oportunidades e desafios criados na rede de estudantes felizes, a dificuldade de medir a aprendizagem real e a privação do poder de supervisão do professor, apontada como um desafio.

Para além das pesquisas limitadas mencionadas que se centraram nos desafios dos professores do ensino básico (e não especificamente nos desafios da avaliação) no programa Shad, outras pesquisas relacionadas com a presente investigação podem ser colocadas em duas categorias. A primeira categoria é a das pesquisas em que os investigadores investigaram os princípios, métodos e instrumentos eficazes de avaliação no ciberespaço em geral.

Por exemplo, Abbasi Kasani et al. (2019) verificaram numa investigação com recurso a um método de metacombinação que são utilizadas 24 ferramentas para avaliar os alunos em E-learning, que se dividem em duas categorias: Ferramentas de avaliação com comunicação simultânea e ferramentas de avaliação com comunicação assíncrona.

A maioria das ferramentas de avaliação síncrona inclui questionários, chat em linha e grupos de discussão, e trabalhos de grupo partilhados. Além disso, a maioria das ferramentas de avaliação com comunicação assíncrona inclui autoavaliação, projectos, portefólio eletrónico e avaliação pelos pares. Os autores consideram que, para avaliar os formandos no ambiente de e-learning, devem ser utilizados vários métodos de avaliação, de modo a aumentar a validade da avaliação.

Neste contexto, Rezaezadeh, Bandali e Shahverdi (2020) apresentaram no seu livro métodos alternativos de avaliação na educação virtual. Fazem várias perguntas na plataforma educativa de forma aleatória e respondem individualmente, sob o título de "Técnica de Testes de Esclarecimento Controlados", recebem gravações de vídeo ou áudio das respostas às perguntas dos alunos, sob o título de "Técnica de Apresentação Assíncrona", concebem perguntas convergentes com uma resposta correta curta, técnicas de teste Mais uma vez, sugerem respostas e técnicas de questionamento.

Man Nava (2015) também investigou as consequências da utilização de ferramentas interactivas para avaliar a aprendizagem virtual de estudantes do ensino primário durante uma investigação experimental utilizando um grupo de controlo e uma testemunha. Descobriu que não só a utilização de ferramentas interactivas e úteis na aprendizagem eletrónica conduz a uma avaliação válida; além disso, o grupo experimental também teve melhor desempenho e satisfação do que o grupo de controlo em termos de quantidade de aprendizagem e interesse nos cursos. Rezaei (2020) também realizou uma investigação qualitativa com o método fenomenológico com o objetivo de investigar as formas de avaliação da aprendizagem dos estudantes durante a era Corona.

Os resultados desta investigação mostraram que os métodos mais importantes de avaliação do que os alunos aprenderam durante o surto do vírus Corona (educação virtual) são: Exame presencial (em caso de autorização das autoridades competentes), exame escrito virtual, exame oral virtual, perguntas e respostas orais, apresentações virtuais, livro de exercícios eletrónico e avaliação múltipla (integrada).

Masoudi (2019) em sua pesquisa intitulada "Avaliação formativa e final em ambiente eletrônico de aprendizagem" com o método da biblioteca, discutiu os princípios e métodos de avaliação virtual, alguns dos princípios mencionados por ele são: Considerando a avaliação como uma parte do processo de aprendizagem, não o seu fim, prestando atenção ao princípio da "apresentação múltipla" na representação da aprendizagem, enfatizando a avaliação contínua e formativa em vez de avaliações finais, fornecendo feedback rápido e contínuo, tarefas de avaliação abrangentes e realistas que são apropriadas para o ambiente de vida do aluno, compartilhando os alunos Na conceção de tarefas de avaliação e na conceção de várias tarefas utilizando as instalações do ambiente virtual.

Além disso, nesta pesquisa, foram propostos métodos e estratégias para fortalecer o processo de avaliação, que incluem: O uso de testes objetivos, livros de exercícios eletrónicos, avaliação da participação dos alunos, autoexame, avaliação através de coortes, projeto e diferentes estilos, incluindo o aluno. Seraji (2014) também está de acordo com a utilização de métodos de avaliação autênticos e autênticos, como o auto-exame, a conceção de trabalhos autênticos e originais, a avaliação pelos pares, o projeto e a carteira de trabalho, sob o título "Abordagem de construção de cultura" como uma estratégia eficaz para conduzir os alunos a uma verdadeira aprendizagem. e aprender a realizar avaliações eficazes.

A segunda categoria é constituída por investigações relativamente recentes, nas quais os investigadores avaliaram a educação virtual durante o período do Corona ou os desafios da avaliação virtual. Por exemplo, Bava (2020) afirma, citando as opiniões de vários especialistas: A atual educação em linha no período do coronavírus, que se designa por "educação à distância em condições de emergência"; em termos de qualidade, situa-se a um nível inferior ao da formação presencial e mesmo da formação em linha que existia em condições normais (não de emergência).

Hermida (2020) também constatou, com base numa investigação combinada, que os três factores "Motivação, auto-eficácia e envolvimento cognitivo com os materiais educativos" desempenham um papel importante no crescimento do desempenho académico dos alunos no ensino em linha durante o período Corona, mas devido à sua falta de preparação para o ensino no ambiente em linha, estes três factores diminuíram significativamente nos alunos.

A investigação de Azlan et al. (2020) também mostrou que, do ponto de vista dos estudantes de medicina na Malásia: As formações em linha são muito aborrecidas e entediantes em comparação com as formações presenciais e não criam nos estudantes a motivação necessária para a atividade ou a interação para a aprendizagem. Além disso, é muito difícil manter a concentração no ambiente de aprendizagem em linha, e vários factores podem levar à distração do formando.

A este respeito, Vahab (2020) afirma que o grande desafio que se coloca aos aprendentes para se adaptarem ao ambiente de aprendizagem em linha no período Corona é sobretudo um desafio pedagógico. Porque os aprendentes devem possuir competências de aprendizagem auto-regulada em ambientes de aprendizagem em linha. É claro que, em contraste com os investigadores mencionados que avaliaram as formações da era Corona como ineficazes, podemos apontar para as conclusões de investigadores que apresentam um ponto de vista diferente.

Por exemplo, Cindianio et al. (2020) descobriram, durante um estudo-piloto, que, embora os estudantes de licenciatura em medicina da universidade da Jordânia considerassem estes cursos inadequados devido à falta de acesso adequado a instalações tecnológicas e à Internet e, especialmente, à falta de interação direta no processo educativo, 42% deles gostariam de experimentar uma combinação de formação em linha e presencial no futuro, considerando os benefícios da formação em linha.

A investigação experimental conduzida por Clark et al. (2020) mostrou também que 99% dos médicos acreditavam que as suas necessidades de conhecimentos e competências eram satisfeitas pelas formações em linha, e um número significativo deles tencionava também, com base nas formações recebidas, fazer alterações nos seus métodos de diagnóstico e tratamento.

Al-Zini, Al-Sadiq e Al-Abdulmanem (2020) também investigaram a experiência de estudantes e professores de medicina na Arábia Saudita no domínio da educação e avaliação em linha durante o período Corona através de uma investigação combinada. Os resultados da sua investigação indicaram que mais de metade dos participantes (82/58) avaliam a sua experiência de 620 aulas centradas no ensino, na avaliação e no workshop virtual como mais positiva do que a formação presencial.

Além disso, no total, a formação virtual e as avaliações foram realizadas, o progresso académico e o crescimento das competências tecnológicas dos alunos foram acompanhados.

No mundo do ensino da matemática, os métodos de aprendizagem ativa desempenham um papel importante no desenvolvimento do pensamento crítico e da criatividade dos alunos. Estes métodos visam aumentar as capacidades individuais e sociais através da utilização de várias ferramentas, tais como actividades de grupo, jogos matemáticos, perguntas abertas e tecnologias educativas.

No entanto, a par destes métodos dinâmicos, existem também desafios que exigem soluções adequadas. Um dos factores que afectam o processo de aprendizagem e, consequentemente, o estado do ensino da matemática no ensino básico, são os métodos de ensino e aprendizagem desta disciplina. Atualmente, a velocidade da ciência aumenta a cada segundo. Por esta razão, os métodos de ensino são afectados por este crescimento e desenvolvimento da tecnologia, bem como pela mudança de gostos, necessidades e expectativas dos alunos. Por conseguinte, na era atual, um professor deve ensinar aos alunos os métodos de aprendizagem e de experiência, e não transferir informações e relações entre ele e eles. Por isso, os novos métodos devem basear-se neste facto.

A matemática é uma ciência com conceitos mentais e abstractos, ou seja, muitos conceitos matemáticos são imagens de objectos que não podem ser traduzidos da mesma forma mental no mundo real. A natureza abstrata da matemática tem dificultado a compreensão dos seus conceitos e, consequentemente, o seu ensino e aprendizagem, pelo que requer métodos educativos especiais. Os métodos educativos devem ser aplicados desde o início para que os alunos do ensino básico possam desenvolver a capacidade necessária para os compreender.

De acordo com os estudos, pode dizer-se que existe uma forte relação entre os processos de aprendizagem e os métodos de ensino, mas não é possível determinar exatamente como se aprende matemática. Uma vez que o ensino-aprendizagem não é uma ciência, os professores podem utilizar os seus próprios métodos para ensinar matemática no ensino básico. Estes métodos devem ser planeados e concebidos de forma a que todos os recursos internos da criança em crescimento possam ser cultivados através deles.

Por outras palavras, no ensino da matemática neste período, devem ser utilizados métodos que reforcem a capacidade mental-matemática dos alunos, provoquem o crescimento de pensamentos e ideias nas suas mentes e, consequentemente, criem uma aprendizagem ativa. O método de ensino da matemática, especialmente no período primário, deve ser acompanhado pelo facto de levar o aluno ao caminho da descoberta e da intuição, preparando-o para a investigação, habituando-o ao pensamento lógico, encorajando-o a questionar e a pesquisar, e tornando a sua mente criativa. Uma vez que as aplicações actuais da matemática ultrapassaram o quadro dos temas desta ciência (números e formas geométricas), é possível combinar as competências mencionadas com exemplos sérios e instrutivos da aplicação da matemática e depois ensiná-los aos alunos.

Desafios dos métodos de ensino e aprendizagem da matemática no ensino primário

No nosso país, na maioria das escolas, são utilizados métodos tradicionais para o ensino e a aprendizagem da matemática, e alguns destes métodos têm problemas fundamentais. Especialmente se forem utilizados desde o período primário, podem criar problemas irreparáveis para os alunos no futuro, porque uma grande parte da situação desfavorável e dos problemas do ensino da matemática remonta ao período primário. Neste curso, não são utilizados métodos adequados e novos de ensino de conceitos matemáticos e os alunos são ensinados com métodos errados desde o início, o que resulta na não compreensão correta dos conceitos matemáticos.

Os problemas causados por estes métodos são inúmeros. De seguida, referimos alguns dos problemas causados por estes métodos. As novas ideias, como a multiplicação, são aprendidas de uma forma que dificilmente pode ser considerada matemática. De facto, estes métodos produzem um conhecimento do tipo papagaio que quase nunca desempenha um papel na formação de uma rede de ideias útil.

Nos métodos tradicionais, não se presta atenção às caraterísticas do desenvolvimento mental dos alunos. Se assim fosse, a aprendizagem seria muito mais fácil. De facto, nestes métodos, um aluno do ensino básico é ensinado de forma errada e habitua-se a aprender com estes métodos. De tal forma que, nos anos seguintes, sair destes métodos torna-se tão difícil que os alunos preferem não utilizar outros métodos na sua aprendizagem.

A maior parte dos métodos tradicionais de ensino da matemática são centrados no professor. Ou seja, durante o ensino do professor, os alunos não têm um papel ativo na aprendizagem e só o professor é ativo. Neste caso, a aprendizagem profunda não acontece de todo. Desta forma, os alunos nem sequer melhoram a sua capacidade de expressão oral e não têm uma auto-confiança significativa. É possível que, entre os alunos, uma ou duas pessoas sejam diferentes das outras e tenham um melhor desempenho, mas a maioria das crianças sofre de muitos problemas na turma.

Nos métodos antigos, dá-se mais atenção aos pontos de exame e, nesse caso, os alunos aprendem a matemática superficialmente e nada resta do pensamento matemático. No intuito de se prepararem para o exame, os conceitos e conteúdos básicos da matemática são deixados de lado. Nestes métodos, o professor considera inúteis as matérias mais elementares e aprende rapidamente a resolver problemas de exame. Aparentemente, tudo é verdade, mas na realidade não é assim, e a matemática não existe na memória e na mente dos alunos.

Parece que alguns dos métodos utilizados nas nossas escolas são como se pensassem nas mentes dos alunos como quadros brancos. Estes nunca absorvem as ideias quando os professores as apresentam. Em vez disso, os alunos são criadores do seu próprio conhecimento. Os alunos devem ser encorajados a encontrar novas ideias, a tentar combiná-las com as suas redes mentais existentes e a desafiar as suas próprias ideias e as dos outros, o que não é possível nos métodos antigos.

Novos métodos de ensino da matemática (no período primário)

Os problemas que existem nos métodos de ensino da matemática no período primário obrigam-nos a procurar novos métodos educativos. Para que, utilizando estes novos métodos, possamos ensinar os conceitos de matemática aos alunos como deve ser no nível elementar. Utilizemos métodos que sejam acompanhados por pensamentos de compreensão e aprendizagem. Além disso, utilizemos métodos que incluam todos os tipos de actividades e trabalhos práticos.

Os alunos do ensino básico devem compreender e entender a matemática desde o início. Compreender a matemática significa fazê-la, e fazer matemática significa ser capaz de resolver os seus problemas. A capacidade de resolver problemas matemáticos não se limita a problemas simples, as crianças devem adquirir as competências necessárias e familiarizar-se com as técnicas de resolução de problemas e ser capazes de resolver problemas em geral. Nesta parte, vamos investigar diferentes métodos de ensino da matemática na escola primária. Propomos também a forma como estes métodos podem ser utilizados para ensinar conceitos matemáticos no ensino básico.

Pode dizer-se que uma das formas de melhorar a situação do ensino da matemática é melhorar os métodos utilizados no ensino desta disciplina. Cada um dos métodos mencionados abaixo é considerado para um conceito matemático.

Ensinar conceitos matemáticos através do desenho-desenho (ensino da geometria e da medida): O desenho tem uma atração especial para os alunos do ensino básico, talvez porque a pintura é bela e, ainda mais bela, a pintura é um espaço em que a geometria desempenha um papel primordial na sua criação. Por conseguinte, a matemática também é bela, e conceitos como formas geométricas e medidas podem ser ensinados aos alunos do ensino básico através do desenho. No método pintura-desenho, pede-se aos alunos que façam um desenho utilizando formas geométricas, réguas e outros instrumentos de desenho, como lápis de cor.

Estes desenhos são diferentes dos desenhos normais dos alunos e, de facto, neles se vêem desenhos geométricos, que são desenhados com medidas precisas. Numa primeira fase, são utilizados desenhos mais simples para ensinar um conceito, podendo depois ser utilizados desenhos adequados ao conceito pretendido. O método desenho-desenho faz com que, nos anos seguintes, os alunos tenham uma maior capacidade de relacionar problemas com medidas. De facto, este método ativa uma parte do cérebro que é utilizada como base para a resolução de problemas nos anos seguintes.

Ensino de conceitos matemáticos utilizando a ação e a consciência (ensino do comprimento e da área com um retângulo): Neste método, a aula é flexível e centrada no aluno, os alunos brincam, mas na verdade estão a aprender e, enquanto brincam, desenvolvem ideias e desenvolvem-se. O professor dá-lhes diferentes materiais, por exemplo, papel de xadrez e um número considerável de cubos. Neste método, o ensino é acompanhado de atividade - ensino através da ação e da consciência.

Por exemplo, suponhamos que queremos discutir rectângulos na sala de aula. Um retângulo é algo que deve ser compreendido através da ação e da imaginação, por isso, para o ensinar aos alunos do ensino básico e para que eles compreendam o conceito de retângulo, utilizamos coisas que eles já viram e tocaram o suficiente. Todos os alunos já viram uma sala e as suas paredes. Se dissermos aos alunos que essas paredes são rectangulares, eles aprenderão o que é um retângulo.

O objetivo da aprendizagem do retângulo é compreender o conceito de comprimento e de área. Quando os alunos aprenderam o comprimento e o perímetro do retângulo, ensinamos-lhes a área dos rectângulos. Os rectângulos são criados a partir de quadrados unitários, chegando assim à ideia de área. Pedimos aos alunos que desenhem numa folha de papel rectângulos que se sobreponham uns aos outros e que tenham o mesmo perímetro, por exemplo, o perímetro de 20. Ao realizar esta atividade, os alunos compreenderão que existem nove rectângulos com este ambiente.

Ensino de conceitos matemáticos através de jogos: Neste método, propõe-se o envolvimento ativo dos alunos do ensino básico com conceitos matemáticos numéricos. De facto, neste método, as operações e os conceitos matemáticos podem ser facilmente convertidos em diferentes jogos, jogos esses que são educativos e muito bem sucedidos. Saltz (SALTZ), em 1981, apercebeu-se, através de investigação e pesquisa, que a atividade acelera a aprendizagem. Ou seja, os resultados da investigação de Saltz mostraram que a aprendizagem (incluindo a aprendizagem de conceitos matemáticos) é melhor com movimento (jogos). Nesses jogos, os alunos têm atividade física e mental.

Por exemplo, abaixo referimo-nos a um destes jogos

Jogo das linhas (ensino dos números): Neste jogo, o professor diz um número oralmente ou escreve-o no quadro. As linhas foram desenhadas no chão sob a forma de formas distintas combinadas entre si. O aluno deve encontrar o mesmo número correndo sobre as linhas corretas. O aluno pode encontrar o mesmo número no chão com vários outros movimentos, como saltar, saltitar e outras formas adequadas. O professor pode apagar o número no quadro antes da atividade do aluno e alterar o jogo de diferentes formas. Porque os diferentes jogos fazem com que as crianças adquiram uma compreensão mais exacta do conceito de número.

Ao ensinar através de jogos, cria-se uma situação para que os alunos desenvolvam os significados, os métodos e a perceção do significado do número por si próprios e, como resultado, a profundidade da capacidade dos alunos para compreender o significado do número é reforçada. Por exemplo, se uma forma como a que se segue for desenhada no chão, o aluno deve mostrar o número 84 nessa forma, por exemplo, com a referida atividade.

Muitos jogos não só contêm conteúdos que ajudam as actividades de memória, como também contêm pontos que ensinam os alunos do ensino básico a recordar. Nestes jogos, são implementados métodos de aprendizagem e de treino para reforçar a memória e, consequentemente, melhorar a aprendizagem de muitos temas matemáticos relacionados com a memória. Neste tipo de jogos, surge uma situação em que os alunos se vêem responsáveis pela utilização da matemática e, consequentemente, aprendem melhor os conceitos matemáticos.

Ensinar conceitos matemáticos através do método da inteligência lógica matemática (ensino dos números): O método da inteligência lógica matemática pode ser definido da seguinte forma: O professor leva um ábaco para a sala de aula ou utiliza jogos de números como o "Hub Game" e diz à criança que dá problemas de matemática e ensina-lhe a contar e as quatro operações principais da matemática. A inteligência lógico-matemática organiza, orienta e molda a capacidade das crianças do ensino básico para compreender os números, as proporções, a resolução de problemas e a exploração. Se a inteligência lógico-matemática for reforçada e cultivada a níveis mais profundos no ensino básico, no futuro, teremos alunos mais activos, lógicos, curiosos e criativos.

Ensinar conceitos matemáticos através de histórias (linhas didácticas e seus tipos): Stewart J. Murphy, um especialista em educação visual, acredita que muitas crianças têm problemas de aprendizagem e enfrentam dificuldades em compreender conceitos matemáticos. Por conseguinte, os livros de histórias infantis que contêm conceitos matemáticos podem ser introduzidos na vida das crianças.

Por exemplo, para ensinar a caligrafia e os seus tipos, pode definir-se a seguinte história fictícia para os alunos: "Era uma vez uma estranha cidade onde todos os seus habitantes tinham a forma de caligrafia. Nessa cidade viviam dois rapazes, o rapaz da linha quebrada e o rapaz da linha curva. Um dia, estes rapazes chegaram a um beco estreito. Quando quiseram atravessar o beco, tiveram uma discussão porque o rapaz curvado conseguia atravessar facilmente o beco devido às curvas do seu corpo, mas o rapaz da linha quebrada ocupava toda a largura do beco".

Tipos de métodos de ensino da matemática elementar

A educação matemática no ensino básico desempenha um papel fundamental na formação e no ensino dos conceitos matemáticos e, ao entrar no ensino básico, as crianças são introduzidas nos conceitos matemáticos e aritméticos. Por conseguinte, os métodos de ensino da matemática no ensino básico são particularmente sensíveis. A capacidade de efetuar cálculos matemáticos é apenas um dos objectivos de aprendizagem desta lição; as capacidades de análise, de resolução de problemas e de raciocínio contam-se entre os outros objectivos da educação matemática, especialmente no ensino básico, que é o início do ensino dos conceitos básicos desta lição. Por conseguinte, esta importante questão pode ser alcançada através da utilização de novos métodos de ensino.

Muitas pessoas pensam que a matemática é a arte do cálculo e que os matemáticos passam toda a sua vida a criar fórmulas e relações matemáticas. Embora essa opinião seja verdadeira, deve dizer-se que o trabalho dos matemáticos é o raciocínio e não o cálculo. Por isso, no ensino da matemática, não procuramos calcular, mas o principal objetivo é cultivar o raciocínio lógico nos alunos. Devido a este problema, o trabalho dos professores de matemática, que desempenham um papel muito importante no desenvolvimento desta lógica, torna-se importante e, devido a esta importância, o professor deve estar familiarizado com as várias estratégias e métodos de ensino da matemática elementar, que são discutidos.

O ensino da matemática do passado ao presente

O ensino da matemática de forma tradicional e clássica era o método de ensino dominante na maioria das escolas de todo o mundo no início e em meados do século XX. Esta abordagem era completamente diferente das abordagens modernas e não tradicionais, mas durante as últimas décadas, o ensino da matemática tem sido posto em causa, especialmente nas escolas primárias. Um grande número de movimentos de reforma apelou a mudanças nos métodos de ensino da matemática elementar. Recentemente, foram propostos novos métodos de ensino da matemática, que são amplamente aceites pela maioria e utilizados em escolas de todo o mundo.

Em 1989, o Comité Nacional Americano de Professores de Matemática determinou como objetivo geral do currículo de matemática do ensino básico a aquisição de conhecimentos e competências e o reforço do raciocínio lógico, e, com ênfase na contagem, adição e subtração de números e fracções, multiplicação e divisão de fracções e decimais, resolução de problemas, estimativa, estatística e geometria, diversificou o currículo de matemática. A ênfase que é colocada nos métodos de raciocínio da lógica matemática faz com que os alunos olhem sempre para os problemas com uma visão lógica e de raciocínio noutras disciplinas. Na sociedade atual, para se ter uma vida bem sucedida, são necessárias capacidades de raciocínio, de tomada de decisões e de resolução de problemas.

Pelo menos, os objectivos que são perseguidos em todos os métodos de ensino da matemática são cultivar o poder do pensamento e da criatividade, que os velhos métodos de ensino da matemática não são a resposta a esses problemas.

Novos métodos de ensino da matemática elementar

Em seguida, são apresentados os novos métodos de ensino da matemática elementar. Os tipos de métodos são:

> **Método descritivo**

Este método é um dos métodos mais comuns de ensino da matemática nas escolas iranianas. Neste método, o professor limita-se a explicar o conteúdo matemático e os alunos ouvem as palavras do professor no espaço tranquilo da sala de aula. A única vantagem deste método é manter os alunos calados, mas como não desempenham um papel ativo na aprendizagem, a sala de aula torna-se aborrecida para eles com o tempo e podem não gostar da escola e das aulas.

> **Método analógico**

Neste método, o professor apresenta o conceito pretendido através de uma história adequada. A aplicação deste método, pelo facto de começar com uma história, recebe normalmente a atenção e o interesse dos alunos. Além disso, como o professor traz as conclusões da turma ao contar a história, os alunos sentem-se responsáveis por participar na resposta. Este método reduz o cansaço da apresentação de conceitos matemáticos abstractos e acelera o ensino. O método analógico é geralmente utilizado para mostrar como funciona um conceito e não para o provar matematicamente. É de notar que a utilização inadequada deste método não cria uma conceção errada do conceito apresentado na mente do aluno.

> **Modo de apresentação das regras**

O objetivo deste método é fornecer regras e instruções especiais que o aluno utiliza para realizar acções ou problemas que são um modelo desta regra. Estas regras podem ser simples, como a leitura de números de dois dígitos de 20 para cima, como 32, 42, 52. Infelizmente, a utilização deste método faz com que os alunos se transformem frequentemente numa máquina de calcular, com a diferença de que, normalmente, a máquina não comete erros na aplicação das regras dadas, mas o aluno comete frequentemente erros na sua aplicação.

➤ Como utilizar um exemplo?

Este método resulta da combinação de vários métodos e pode ser utilizado em todas as fases de ensino de um conceito matemático. Suponhamos que queremos ensinar intuitivamente que uma forma geométrica é quadrada sem utilizar uma definição. Neste caso, desenhamos vários quadrados de diferentes tamanhos no quadro e dizemos à turma que chamamos quadrados a todas estas formas. De seguida, desenhamos outras formas geométricas com alguns quadrados no quadro e pedimos aos alunos que marquem os quadrados.

O método de utilização das experiências e das observações objectivas

Neste método, o aluno aprende um conceito matemático através da observação e da experiência pessoal. Este método é adequado para os últimos anos do ensino básico, como o sexto ano, em que os alunos têm uma compreensão mais completa da matemática do que nos anos anteriores.

➤ Método cooperativo

No método cooperativo, cada criança terá uma participação ativa em todas as fases do ensino. Pode dizer-se que o método cooperativo é completamente oposto ao método descritivo e é um dos melhores e mais eficazes métodos de ensino de um conceito matemático. Normalmente, a participação dos alunos na aprendizagem de um conceito pode assumir a forma de uma das seguintes actividades:

➤ Atividade oral

Por exemplo, ler os números de 1 a 10 em voz alta para aprender a ordem dos números.

> ### ➤ Atividade escrita

Por exemplo, cada criança escreve a resposta à pergunta numa folha de papel e apresenta a resposta à turma quando lhe é perguntado.

> ### ➤ Atividade física

Por exemplo, abrir e fechar os dedos para mostrar o número de membros de um conjunto.

> ### ➤ Como utilizar o modelo?

Utilizar um modelo significa utilizar imagens ou objectos que são eficazes para clarificar o conceito e simplificar a sua compreensão. Estas imagens e objectos são geralmente utilizados para reduzir a abstração dos conceitos, especialmente dos conceitos matemáticos. Os modelos podem ser utilizados em qualquer fase do ensino. O ensino da matemática com jogos é um dos métodos mais eficazes de utilização de modelos, em que os alunos podem participar no processo educativo.

> ### ➤ Método exploratório

O método exploratório é um método em que, proporcionando condições adequadas, os alunos são preparados para descobrir alguns conceitos matemáticos sem que esses conceitos lhes sejam ensinados diretamente. Normalmente, este método deve ser utilizado nas fases iniciais da formação.

O método exploratório é objeto da atenção da maioria dos professores de educação. Um dos pioneiros deste método em matemática é George Poya, um matemático polaco que vive na América. Ele acredita que o aluno nunca esquecerá o que descobre por si próprio. Por outras palavras, na sua opinião, a melhor maneira de aprender é descobrir conceitos pelo próprio aluno.

> **Método de resolução de problemas**

O método do problema é, de facto, uma espécie de preparação global para a vida, porque a vida significa enfrentar problemas e tentar resolvê-los. A aplicação deste método nos graus superiores, por exemplo, durante o ensino da matemática no nono ano, também é eficaz.

Exemplos de métodos de ensino da matemática no ensino básico

> O aluno deve avançar passo a passo, o que significa que, em primeiro lugar, deve envolver o aluno na observação, explicação, prova, refutação e interpretação.
> Utilizar jogos matemáticos que aumentem a variedade e o interesse desta lição.
> Pelo menos duas ou três figuras nacionais proeminentes no domínio da matemática, como Abu Reyhan, Kharazmi, Khaje Nasir al-Din Tusi, etc., devem ser apresentadas aos alunos em cada ano de escolaridade.
> Para compreender a importância da matemática, torne os exemplos do livro mais tangíveis, por exemplo, não existem Rials em transacções no país neste momento.

No ensino de qualquer conceito matemático, antes de o introduzir, é preferível colocar um problema aos alunos para os fazer pensar. Porque um dos objectivos mais importantes da matemática é fazer com que as crianças e os seres humanos pensem.

> Reduzir o conteúdo dos livros de matemática. Porque os professores têm efetivamente de utilizar métodos de ensino

tradicionais para completar as lições de acordo com o tempo de que dispõem.

➤ Pelo menos uma ou duas disciplinas livres à escolha do professor devem ser incluídas no curso de matemática em cada nível de ensino, tal como o curso de persa.

➤ Incentivar os alunos durante as aulas de matemática para aumentar a motivação das crianças.

➤ Utilizar conselheiros nas escolas primárias e conhecer os alunos que realmente têm problemas de aprendizagem e têm medo dos números.

➤ Compreender os problemas de aprendizagem da matemática das crianças.

➤ Quando o método de ensino não é a resposta para o nosso sucesso na aula, os métodos devem ser alterados e, por vezes, vários métodos devem ser combinados.

➤ Acolher os métodos inovadores dos colegas para o conceito ou parte das aulas de matemática em diferentes graus de ensino e tentar publicá-los para utilização de outros colegas.

➤ Escolher o método de ensino adequado que leve os alunos a refletir.

➤ Para o ensino da matemática, sugere-se a abertura de laboratórios de matemática nas escolas.

Compreender a importância do ensino básico da matemática

O ensino básico da matemática é a pedra angular do percurso educativo de uma criança. Uma educação adequada lança as bases para as futuras competências e conhecimentos que irão moldar o seu futuro.

Formação adaptada às necessidades individuais de cada pessoa

Na nossa abordagem, salientamos a importância de reconhecer e prestar atenção aos estilos de aprendizagem individuais. Cada criança é única e um currículo eficaz deve ser suficientemente flexível para acomodar as diversas preferências de aprendizagem. Ao compreender estas diferenças, podemos criar um ambiente inclusivo que promove experiências de aprendizagem óptimas.

O papel dos pais no ensino da matemática elementar
Construir uma parceria forte

Acreditamos firmemente que a colaboração entre pais e educadores é fundamental para o sucesso de uma criança. Nesta secção, fornecemos dicas valiosas para os pais sobre como participar ativamente no percurso educativo do seu filho. Desde a criação de um ambiente familiar propício até à comunicação eficaz com os professores, abordamos todos os aspectos.

Cultivar o gosto pela aprendizagem

Para além dos aspectos académicos, o nosso guia sublinha a importância de incutir nas crianças o gosto pela aprendizagem. Partilhamos estratégias práticas para os pais criarem um ambiente que estimule a curiosidade e desperte uma paixão pela aprendizagem ao longo da vida.

Pontos importantes no ensino da matemática elementar

Ensinar matemática no ensino básico pode ser uma experiência gratificante. Eis algumas dicas e soluções gerais para um ensino eficaz da matemática elementar.

Utilizar exemplos concretos

Comece com exemplos concretos antes de passar aos conceitos abstractos. Utilize objectos físicos como contadores, blocos ou mesmo objectos do dia a dia para ajudar os alunos a visualizar e a compreender os conceitos matemáticos.

Actividades manuais

Combine actividades práticas e jogos para tornar a aprendizagem da matemática divertida e cativante. Os jogos de matemática ajudam a reforçar as competências e tornam a experiência de aprendizagem agradável.

Aplicações do mundo real

Relacionar a matemática com situações do mundo real para mostrar aos alunos aplicações práticas do que aprenderam. Isto pode ajudá-los a ver a relevância da matemática na sua vida quotidiana.

Auxílios visuais

Utilizar recursos visuais, como diagramas e desenhos, para ilustrar conceitos matemáticos. A representação visual pode aumentar a compreensão e a retenção.

Instruções distintas

Tenha em atenção que os alunos aprendem a ritmos diferentes e têm estilos de aprendizagem diferentes. Diferencie o seu ensino para responder às diferentes necessidades de aprendizagem.

Encorajamento para fazer perguntas

Crie um ambiente de sala de aula onde os alunos se sintam à vontade para fazer perguntas. Incentive-os a explicar o seu pensamento e a partilhar as suas abordagens à resolução de problemas.

Construir uma base sólida

Certifique-se de que os alunos têm uma base sólida em competências matemáticas básicas, como a adição, a subtração, a multiplicação e a divisão. Estas competências básicas são necessárias para conceitos mais avançados.

Utilizar tecnologia inteligente

Integrar tecnologias como programas educativos ou recursos interactivos em linha para complementar os métodos de ensino tradicionais. A tecnologia pode proporcionar mais prática e tornar a aprendizagem mais dinâmica.

Actividades de grupo

Inclua actividades de grupo para promover a colaboração e a aprendizagem entre pares. O trabalho de grupo pode ajudar os alunos a reforçar a sua compreensão, explicando os conceitos uns aos outros.

Avaliação e feedback

Avaliar regularmente a compreensão dos alunos através de questionários e outras avaliações formativas. É importante fornecer feedback construtivo para orientar a sua aprendizagem e esclarecer quaisquer equívocos.

Celebrar o sucesso

Celebrar as realizações e os êxitos dos alunos, por mais pequenos que sejam. O reforço positivo pode aumentar a auto-confiança e motivar os alunos a continuar a aprender.

Capítulo II

Melhores práticas no ensino básico da matemática

Os professores do ensino básico têm métodos e métodos de ensino diferentes. Cada um destes métodos tem as suas vantagens e desvantagens e tem um efeito diferente nos alunos, mas alguns destes métodos têm sido capazes de aumentar significativamente a cooperação e a aprendizagem. Alguns destes métodos são:

- ➢ Método de ensino dramático;
- ➢ Método de ensino de trabalho de grupo;
- ➢ Método de ensino de perguntas e respostas;
- ➢ Método de ensino colaborativo;
- ➢ Método de ensino exploratório;
- ➢ Método de ensino da narração de histórias.

A matemática é considerada uma das disciplinas básicas e um dos ramos mais importantes da ciência, que está sempre connosco sob várias formas, desde o nível mais básico de ensino até ao nível mais elevado. No ensino da matemática, o objetivo é desenvolver o pensamento crítico e criativo, mas os professores não sabem exatamente como desenvolver as capacidades criativas. É dever do professor de matemática ensinar aos alunos competências de raciocínio e compreensão. As capacidades de resolução de problemas e de compreensão de conceitos afectam o sucesso dos alunos em matemática, e os alunos que não têm capacidades de resolução de problemas não obtêm muito sucesso em matemática.

A aplicação de novos métodos de ensino da matemática pode reforçar as competências dos alunos em matéria de resolução de problemas (Kandemir e Gore, 2009). Tendo em conta a importância da matemática e a necessidade de raciocínio matemático e de resolução de problemas no ambiente de trabalho e no mundo circundante, são necessárias mudanças fundamentais em matéria de educação. As investigações relacionadas com a melhoria da educação matemática através da promoção da cultura do discurso matemático nas salas de aula e os esforços dos professores para melhorar a forma de expressar problemas matemáticos no quadro de definições conceptuais e argumentos matemáticos desempenham um papel significativo na ilustração de diferentes conceitos.

Quando os alunos aprendem um novo tópico matemático ou aprendem algo mais vasto do que o que aprenderam anteriormente, têm de estabelecer uma ligação entre o que acabaram de aprender e o que já sabiam. Por isso, numa situação de aprendizagem, os alunos devem não só analisar o novo conceito matemático, mas também relacioná-lo com as suas experiências e conhecimentos anteriores.

Um dos objectivos importantes das aulas de matemática é desenvolver as capacidades mentais e a disciplina intelectual dos alunos. Assim, o principal objetivo da educação matemática é desenvolver o poder de compreensão e de raciocínio. Cultivar o pensamento racional e criar o método de raciocínio e pensamento lógico e criar criações intelectuais e criatividade são alguns dos outros objectivos da educação matemática nos alunos.

Mais informações sobre a investigação-ação do professor de matemática desafios do ensino

Relativamente à investigação-ação do professor sobre os desafios do ensino da matemática, deve saber que esta questão é muito importante no sistema educativo do país. O facto de esta questão ter sido mencionada no sistema educativo do país não significa que seja de pouca importância noutros países. Na verdade, este projeto de investigação-ação sobre os desafios do ensino da matemática foi trazido para o Irão a partir de países estrangeiros desenvolvidos.

A investigação-ação do professor de matemática sobre os desafios do ensino foi uma das actividades frequentemente implementadas nos países europeus. Esta atividade foi extremamente útil para o sistema educativo dos países e, posteriormente, os países que procuravam o desenvolvimento e o aumento do seu nível de ensino seguiram-na para poderem utilizar o elevado potencial deste cenário. Em vários países, como a Coreia do Sul, foi implementada a investigação-ação do professor de matemática sobre os desafios do ensino com o método europeu. Isto significa que, inicialmente, enviaram forças para países europeus para aprender e ensinar a investigação-ação do professor de matemática sobre os desafios do ensino e, depois de regressarem, essas forças conseguiram implementar os ensinamentos europeus no seu país e sistema educativo.

Investigação-ação de um professor de matemática sobre os desafios do ensino brilhante para as escolas

As estatísticas mostram que o caso da investigação-ação do professor de matemática sobre os desafios do ensino é um dos principais temas de discussão e tem um papel seletivo nas ideias dos pensadores e investigadores da gestão da aprendizagem. O que é importante é abordar o problema da investigação-ação do professor de matemática, os desafios do ensino e também as questões porque o professor investigador pode abrir novos horizontes na apresentação da gestão da aprendizagem perante os pensadores. A estrutura baseia-se na necessidade de abordar o campo da investigação-ação dos professores de matemática, os desafios do ensino e os professores investigadores de uma forma mais ampla, e este caso será desenvolvido para questões futuras e perspectivas de investigação futuras.

A investigação-ação do professor de matemática, os desafios pedagógicos notáveis e excepcionais

Embora a maior parte das investigações relacionadas com esta categoria se tenha debruçado sobre a forma de comunicar, é claro que poucos estudos foram dedicados à análise de variáveis relacionadas com esta categoria, que é a base de uma política eficaz de prevenção e intervenção, especialmente porque a forma de investigação sobre a investigação do professor de matemática, os desafios do ensino e a sua natureza mudaram e evoluíram nos últimos anos.

A maioria dos cientistas concorda que o tema da investigação-ação do professor de matemática, os desafios do ensino e a sua relação com o professor investigador é uma das questões mais importantes e esperadas na comunidade de investigação. Para poder redigir bons documentos, é necessário ter conhecimentos suficientes, desde o início, sobre o que é a investigação do professor sobre os desafios da matemática, como é redigida e quais os objectivos que se pretende atingir com a sua inclusão na estrutura educativa.

1. Qual é a questão importante (que problema vai analisar?)

2. De que informações necessita para responder a esta pergunta e como as vai obter?

3. Como é que se preparam e ajustam os indicadores comparativos?

4. Tem uma análise e uma solução claras?

Investigação-ação sobre os desafios do ensino dos professores de matemática

A investigação-ação dos professores de matemática sobre os desafios do ensino é, na verdade, uma das abordagens mais importantes que tem atraído a atenção de muitos professores e estudantes nos últimos anos. Os estudantes da universidade têm uma má relação com os educadores e professores. Registam os seus três estágios com esta categoria. Estão envolvidos no ciclo de melhoria do estado dos estagiários, que se centra na visão, observação e melhoria da conceção pedagógica. No sistema educativo, professores e alunos ensinam.

Um dos métodos de sucesso que tem um grande impacto no progresso académico é a aprendizagem através da cooperação ou do trabalho de grupo. O professor deve organizar actividades de aprendizagem cooperativa de modo a que os alunos tenham um verdadeiro sentimento de pertença uns aos outros e saibam que nenhum dos membros do grupo pode ser bem sucedido se todos os membros não o forem. Nos últimos anos, o sistema educativo do nosso país tem enfrentado muitos problemas. Resolver estes problemas e eliminar as suas deficiências é uma das grandes preocupações dos trabalhadores da educação.

Uma série de encomendas para a investigação-ação do professor de matemática desafios do ensino

Até hoje, na nossa sociedade, não houve muita supervisão sobre o problema da investigação-ação do professor de matemática, os desafios do ensino nas empresas, uma melhor aprendizagem e o seu efeito sobre o professor investigador e os seus esforços, a falta de uma ferramenta adequada para calcular a investigação feita e utilizá-la. É fortemente visível nas práticas educativas, nas conferências e nos convites científicos e pedagógicos.

> Eliminar o conteúdo desnecessário;

> Adicionar conteúdo esquecido;

> Organizar os conteúdos por ordem de importância;

> Remova palavras e termos complicados e escreva de forma clara;

> Indique os pontos mais importantes uma vez no início e outra no fim do relatório;

➢ Sublinhe o conteúdo de base com ênfase e sinais como a pintura a transbordar;

➢ Na medida do possível, utilizar um método inovador e criativo para atrair a investigação-ação do professor de matemática para os desafios do ensino;

➢ Não exagerar e não gritar slogans;

➢ Evite usar palavras poéticas e elogiar outras pessoas.

Ao redigir a investigação-ação do professor de matemática sobre os desafios do ensino, preste atenção aos seguintes pontos

A maior parte da investigação que tem sido feita em empresas de aprendizagem melhorada centra-se mais no professor investigador e na teoria. Na situação em que nem todos os casos de estratégias implementadas serão completamente actualizados, talvez tenha chegado o momento de procurar novas soluções e novas possibilidades de descobrir questões de investigação relacionadas.

❖ Não faça os seus sentimentos pessoais. Mas tenta não julgar;

❖ Não esquecer o objetivo principal ao longo do texto. Não se afastar;

❖ Evitar a utilização de verbos indefinidos na redação da investigação-ação do professor de matemática sobre os desafios do ensino, tais como: É citado. Evitar fornecer dados falsos (nomeadamente números).

Utilizar suportes visuais e auxiliares de ensino

Os apoios visuais e as ajudas à aprendizagem são ferramentas poderosas que podem ajudar as crianças com autismo a compreender os conceitos matemáticos. Os apoios visuais, como tabelas, gráficos e quadros, podem ajudar a representar visualmente conceitos matemáticos abstractos, tornando-os mais concretos e acessíveis.

Além disso, os auxiliares de aprendizagem, tais como blocos de números, eixos de números ou formas geométricas, podem ajudar as crianças com autismo a participar em experiências de aprendizagem práticas. Estes objectos tangíveis permitem que as crianças interajam fisicamente com os conceitos matemáticos e adquiram uma compreensão mais profunda dos princípios matemáticos. Ao incorporar suportes visuais e auxiliares de ensino nas aulas de matemática, os educadores podem criar um ambiente de aprendizagem mais inclusivo e interativo para as crianças com autismo.

Separação de conceitos em etapas mais pequenas

Para as crianças com autismo, a decomposição dos conceitos matemáticos em passos mais pequenos é fundamental para a sua compreensão e sucesso. Os conceitos matemáticos complexos confundem as crianças autistas. Por isso, a separação da informação em partes manejáveis ajuda a compreender melhor e mais facilmente as crianças autistas. Para além disso, este método de ensino ajuda a criança a aprender conceitos básicos antes de passar a competências matemáticas mais avançadas. Durante o ensino desta forma, o professor dá à criança oportunidades suficientes para praticar e reforçar os conceitos, de modo a que a criança ganhe autoconfiança suficiente para resolver problemas de matemática.

Ensino diferenciado da matemática a crianças com autismo

Ao ensinar matemática a crianças com autismo, é importante implementar um ensino diferenciado para satisfazer as suas necessidades de aprendizagem únicas. Os educadores podem criar um ambiente de aprendizagem inclusivo e de apoio, adaptando o ensino às crianças. Aqui estão algumas estratégias eficazes para ensinar matemática a crianças com autismo:

> **Programas de aprendizagem personalizados (ILP)**

Os programas de aprendizagem individualizados (ILP) desempenham um papel vital na educação direcionada das crianças com autismo. Estes programas especificam objectivos específicos, instalações e mudanças que são apropriadas às caraterísticas de cada criança e são criados com a participação de professores, pais e outros profissionais envolvidos na educação das crianças. Ao incorporar programas de aprendizagem personalizados, os educadores podem identificar competências e conceitos matemáticos específicos em que as crianças com autismo precisam de se concentrar. Estes programas de aprendizagem ajudam os professores a acompanhar o progresso das crianças, a ajustar a instrução e a prestar apoio.

> **Formação multissensorial**

A educação multissensorial é uma abordagem educativa poderosa que envolve vários sentidos para melhorar a aprendizagem. A combinação de múltiplos sentidos ajuda as crianças com autismo a compreender os conceitos matemáticos de forma mais eficaz. Os educadores podem utilizar diferentes métodos sensoriais, como a visão, o tato e o movimento, para ensinar matemática. Por exemplo, a utilização de materiais didácticos como blocos de números ou um eixo numérico permite que as crianças interajam fisicamente com os conceitos matemáticos. Esta abordagem prática ajuda-as a desenvolver uma compreensão mais profunda dos números, das operações e das relações espaciais. Além disso, a combinação de ajudas visuais, como tabelas e gráficos, com explicações verbais pode melhorar a aprendizagem das crianças que beneficiam de apoios visuais.

> **Integração tecnológica**

A tecnologia pode ser uma ferramenta valiosa no ensino da matemática a crianças com autismo. Software educativo, aplicações e recursos online proporcionam experiências de aprendizagem envolventes e interactivas. Estas ferramentas digitais podem ser personalizadas para corresponder às necessidades e capacidades individuais das crianças com autismo.

Por exemplo, os programas de matemática com ecrãs visuais e jogos interactivos podem tornar a aprendizagem mais agradável e acessível. As ajudas virtuais à aprendizagem, como as barras de subtração virtuais ou os blocos de padrões, permitem às crianças explorar conceitos matemáticos num ambiente digital. Além disso, a tecnologia pode fornecer feedback imediato e acompanhamento dos progressos, permitindo que as crianças monitorizem a sua própria aprendizagem. Quando se incorpora a tecnologia, é importante escolher as ferramentas certas que se alinham com as capacidades e objectivos educativos das crianças.

Os educadores podem responder às diversas necessidades das crianças com autismo e melhorar o seu progresso em matemática, implementando um ensino diferenciado. Programas de aprendizagem individualizados (ILPs), instrução multissensorial e integração de tecnologia são apenas algumas das estratégias que podem ajudar a criar um ambiente de aprendizagem inclusivo e de apoio para crianças com autismo. Lembre-se, cada criança é única e é importante adaptar a instrução às necessidades e pontos fortes de cada indivíduo.

Estratégias para envolver as crianças com autismo no ensino da matemática

Ensinar matemática a crianças com autismo requer a adoção de estratégias que se adaptem às suas necessidades e pontos fortes únicos. Ao combinarem abordagens específicas, os educadores podem criar um ambiente de aprendizagem inclusivo e atrativo para estas crianças. Aqui estão três estratégias eficazes para envolver as crianças com autismo no ensino da matemática:

> **Combinação de interesses especiais e pontos fortes**

Uma forma poderosa de envolver as crianças com autismo na matemática é incorporar os seus interesses especiais e pontos fortes nas aulas. As crianças com autismo interessam-se frequentemente por determinados assuntos. Ao integrar estes interesses nas actividades de matemática, os educadores podem envolvê-las e tornar a experiência de aprendizagem mais significativa. Por exemplo, se uma criança tem um grande interesse por carros, podem ser utilizados problemas de matemática ou actividades relacionadas com a velocidade, distância ou consumo de combustível para captar o seu interesse. Os educadores podem chamar a sua atenção para o assunto e aumentar a sua compreensão dos conceitos matemáticos, estabelecendo uma ligação entre os conceitos matemáticos e os interesses especiais da criança.

> **Fornecer instruções e expectativas claras**

Fornecer instruções claras e concisas é essencial para o ensino da matemática a crianças com autismo. Estas crianças beneficiam frequentemente de instruções claras e de rotinas regulares. Os instrutores devem fornecer instruções passo a passo utilizando linguagem simples e apoio visual para garantir a compreensão. Para além disso, é importante definir claramente as expectativas de comportamento e desempenho durante as aulas de matemática. Isto pode ser explicado através de programas visuais, lembretes verbais ou instruções escritas. Proporcionar um ambiente de aprendizagem previsível e estruturado ajuda as crianças com autismo a sentirem-se seguras e a compreenderem o que se espera delas.

> **Combinação de actividades práticas e jogos**

A inclusão de actividades práticas e jogos nas aulas de matemática pode tornar a experiência de aprendizagem mais interessante e interactiva para as crianças autistas. Estas crianças aprendem frequentemente melhor através de abordagens experimentais e cinéticas. Os educadores podem ensinar conceitos matemáticos às crianças e facilitar a aprendizagem ativa utilizando material didático, puzzles ou jogos interactivos.

Por exemplo, ao ensinar a adição e a subtração, os educadores podem utilizar contadores, blocos ou outros objectos tangíveis para permitir que as crianças visualizem fisicamente os números. Esta abordagem prática ajuda as crianças com autismo a desenvolver uma compreensão sólida de conceitos matemáticos abstractos. Os educadores podem criar um ambiente de aprendizagem favorável e envolvente para as crianças com autismo, incorporando interesses especiais, fornecendo instruções claras e incorporando actividades e jogos práticos. Estas estratégias não só aumentam as competências matemáticas das crianças com autismo, mas também promovem o seu prazer e envolvimento geral numa variedade de assuntos.

Capítulo III

Identificar os factores eficazes na aplicação da investigação do curso de Matemática

Não há dúvida de que investir na educação dará poder às pessoas num sistema social. A educação no mundo atual tem um conceito diferente do passado. A evolução da ciência e da tecnologia tornou inegável a necessidade de transformação no processo das actividades educativas. Já não é possível olhar para os alunos e para a sua educação com preconceitos antigos. Os sistemas educativos actuais têm de formar forças capazes de compreender o complexo mundo existente, de serem criativas e inovadoras na sua gestão e liderança e de se comportarem de forma racional.

A abordagem que é comum na realização de mudanças no sistema educativo é que os decisores políticos preparam programas de reforma e comunicam-nos às escolas, administradores e professores através de circulares. Depois, esperam pela melhoria do progresso académico, emocional e comportamental dos alunos; se não se obtiverem melhorias após a implementação, o recurso que acontece frequentemente e especialmente na implementação de programas correccionais de curto prazo, as queixas das pessoas sobre a eficácia dessa política ou programa aumentam e, normalmente, a determinação torna-se dogma, os decisores políticos e os peritos reúnem-se e, muito rapidamente, apresentam programas de reforma e novas recomendações, muitas vezes na direção oposta da rotina anterior. Curiosamente, todo este processo é feito sem sequer recolher informação sobre se o programa principal foi implementado nas salas de aula, se foi implementado em que medida e quais os efeitos do que foi (Sarkar-Arani, 2006). A experiência de alguns países, incluindo o Japão, mostra que, ao remover os obstáculos e ao abrir a sala de aula e todo o processo de ensino, desde a fase de conceção até à avaliação, aos professores cooperantes e ao criar um grupo de ensino, é criado um ciclo de melhoria gradual do processo de ensino na sala de aula, o que produzirá efeitos positivos (Meyer, 2005).

A adoção desta abordagem no Japão deu origem a vários modelos e abordagens para apoiar a independência e a capacitação dos professores, um dos mais bem sucedidos dos quais é a investigação de estudo (Yoshida, 2005; Murata e Takahashi, 2002; Stigler e Hiebert, 2009). A investigação curricular é um círculo de investigação em que os professores realizam investigações sobre tópicos curriculares enquanto grupo. De facto, neste modelo avançado, os professores e os profissionais trabalham em conjunto. O grupo de avaliadores (professores) concentra todos os seus esforços no ensino dos alunos na sala de aula, a fim de desenvolver e aperfeiçoar o tema estudado. O professor comunica com a prática da investigação através do estudo das aulas, a fim de basear a prática pedagógica no pensamento e na prática.

A prática ponderada e baseada na investigação introduz, de facto, um conjunto de competências e capacidades que colocam uma pessoa numa posição crítica para resolver problemas e questões; uma atividade em que as pessoas se concentram nas suas experiências e repensam sobre elas, reflectem sobre elas, avaliam-nas e encontram formas novas e eficazes a partir deste caminho. A educação japonesa colocou a responsabilidade principal de melhorar as actividades na sala de aula nos professores, ou seja, inicia a reforma a partir do ponto de partida do processo e implementa o sistema de baixo para cima (transformação da sala de aula e da escola para os níveis superiores e não o contrário). (Caskey e Lenski, 2010; Lewis, 2002; Yoshida, 1999; Bakhtiari e Mosadaghinick, 2013).

A investigação curricular tem atualmente atraído a opinião de muitos pensadores no domínio da educação no mundo para uma transformação fundamental sem despender grandes custos (Horizad,

2010); por conseguinte, foram realizados muitos estudos sobre os factores que afectam a utilização da investigação de estudo em vários países, alguns dos quais são mencionados a seguir. De acordo com os resultados da sua investigação, Scherer (2017) afirma que a aplicação da investigação de estudo depende muito do espírito dos professores no ambiente educativo, de factores motivacionais e de factores educativos. (Vrikki et al., 2017) chegou à conclusão de que existem certas formas de interação no processo de aprendizagem entre professores em discussões de estudo de aulas que têm efeitos diferentes óbvios na utilização deste método, o que é muito importante na utilização do estudo de aulas. (Beninghof, 2015) afirma que a fluidez do método de ensino, a persuasão, o tratamento de situações imprevisíveis, a utilização de especialistas na matéria para ajudar os professores e a utilização de métodos de aprendizagem colaborativa entre os professores estão entre os métodos escolares adequados para aumentar o ensino por investigação.

Inprasitha e Changsri (2014) concluíram na sua investigação que a investigação de estudo pode ser muito útil para melhorar o processo de ensino e aprendizagem. Mas considera-se que as condições para a sua implementação são a atenção à formação dos professores, a atenção aos factores organizacionais externos e internos. (Ngang e Sam, 2015) também afirmam, com base na sua investigação, que a melhoria das relações, o apoio aos investigadores, o apoio sistemático ao pensamento crítico e a revisão e o repensar aumentarão a investigação académica.

Os resultados da investigação (Mostofo, 2013) mostram que factores como a educação e a aprendizagem focadas e contínuas; o aumento da confiança nas palavras; o pensamento colaborativo e o consenso com colegas e especialistas aumentam a utilização do estudo. (SarkarArani, 2006) num estudo para reformar as escolas como organizações de aprendizagem utilizou as seguintes nove estratégias, que são: Reunir parceiros de aprendizagem, construir relações para partilhar ideias, clarificar o papel da participação nas actividades de grupo, utilizar uma linguagem comum, prestar atenção aos processos e resultados, procurar um ideal comum, procurar valores, atitudes e ideias comuns que possam ser transferidos do campo da educação para o campo da liderança e da aprendizagem, ajudando a criar uma cultura de participação na escola e ajudando a entender que as mudanças de tempo estão em andamento (Soleimani e Ahmadi, 2017) em uma pesquisa concluíram que fatores organizacionais, incluindo (estrutura organizacional centralizada, cultura organizacional, estilo de liderança, tecnologia, processos internos) e fatores individuais, incluindo (informações dos professores, falta de comprometimento dos professores e seu tipo de personalidade) estão entre os fatores. que têm impedido a implementação de estudos nas escolas. (Farzanpour, Nateghi e Seifi, 2017) sugerem estratégias para aumentar a utilização de estudos de caso no currículo. Estas incluem a atenção ao trabalho em equipa, o ensino interativo, a abrangência científica e o acompanhamento das responsabilidades. (Abdoli e Ashrafi, 2016) concluíram na sua investigação que o sistema de apoio à gestão e o sistema de colaboração promovem a aprendizagem na educação.

Conhecer a melhor forma de aprender matemática

Investigar a melhor forma de aprender matemática é importante porque uma das disciplinas mais difíceis e desafiantes para a maioria das pessoas é a matemática. A aprendizagem da matemática tem estado sempre associada a muitas dificuldades e uma das razões mais importantes é a falta de familiaridade com o melhor método de aprendizagem da matemática. Na nossa vida quotidiana, precisamos muitas vezes da matemática e esta questão pode mostrar a necessidade de aprender matemática mais do que antes. Utilizando técnicas adequadas e novas, pode aprender matemática facilmente.

Técnicas de aprendizagem de matemática com o melhor método

Para aprender matemática, é preciso esquecer os métodos antigos e tentar utilizar novas técnicas e métodos. Estes métodos têm sido utilizados por muitas pessoas e entusiastas e têm sido propostos como o melhor método de aprendizagem. Também se pode assistir a uma transformação na aprendizagem da matemática através da utilização destas técnicas. Estas técnicas incluem a definição de objectivos, o envolvimento com o problema, a memorização de fórmulas e a resolução de exercícios.

Envolver-se com a questão

Uma das formas de aprender matemática básica é envolver-se em questões. Para isso, é necessário ser curioso e criativo e ter capacidades de resolução de problemas. Desta forma, deve refletir sobre as questões e tentar encontrar uma forma de as resolver por si próprio.

Definição de objectivos

A definição de objectivos pode aumentar a sua motivação para aprender matemática. Quando atingir o seu primeiro objetivo, ganhará esperança e motivação suficiente para continuar a avançar no caminho da aprendizagem. Por conseguinte, deve estabelecer objectivos e tentar utilizar objectivos pequenos e acessíveis.

Começar a aprender a partir do básico

Na melhor maneira de aprender matemática, é referido que deve começar o seu estudo a partir de tópicos e conceitos básicos. As perguntas difíceis e complexas em matemática baseiam-se em conceitos básicos simples e, por conseguinte, se compreender bem estes conceitos, pode resolver facilmente perguntas mais complexas.

Desenvolvimento do sentido do número

Uma forma de aprender matemática que pode ajudar-te muito é desenvolver o teu sentido de número. Talvez à primeira vista esta frase tenha um conceito estranho, mas ao mesmo tempo é muito simples. Vamos dar um exemplo para clarificar a questão. Suponhamos que sabe muito bem a multiplicação de 9x8=72, mas pode esquecer-se desta multiplicação simples numa situação de stress. Pode utilizar 10x8=80 e depois subtrair 8 unidades a 80. A isto chama-se desenvolvimento do sentido de número e pode ter muitas utilizações.

Resolver o exercício

A aprendizagem da matemática está diretamente relacionada com a resolução de exercícios e, quanto mais praticar a resolução de exercícios, mais dominará os conceitos e ganhará mais competências para aplicar as fórmulas no lugar certo. Neste sentido, será muito útil resolver as questões dos exames dos anos anteriores.

Utilização de material didático

Pode utilizar diferentes ferramentas educativas para aprender melhor a matemática. Uma das melhores ferramentas é a utilização de vídeos educativos. De facto, estes vídeos educativos tornaram-se extremamente populares entre os estudantes devido ao seu fácil acesso e à sua carga científica muito elevada, sendo conhecidos como a melhor forma de aprender matemática.

Compreender o vocabulário matemático

Aprender palavras matemáticas é também muito importante e ajuda-o a resolver exercícios. Pode anotar estes conceitos num caderno e escrever os conceitos que compreende à frente de cada um deles durante o seu estudo.

Utilização de manuais escolares

Se pretende aprender matemática facilmente, deve resolver o maior número de exercícios possível. Para isso, deve começar por se concentrar nos exercícios do manual. Também pode utilizar os exercícios do manual para resolver exercícios adicionais.

Tomada de notas

Para aprender matemática corretamente, é necessário utilizar várias técnicas ao mesmo tempo. Uma dessas técnicas é a tomada de notas. A tomada de notas pode ser feita na sala de aula, a partir da intervenção do professor, ou incluir os seus estudos em casa.

Memorização de fórmulas com flashcards

Uma das partes mais importantes da matemática é dedicada à memorização de fórmulas. Utilizar cartões de memória é uma boa ideia neste caso. Também pode memorizar as fórmulas escrevendo-as e repetindo-as.

Conhecer a melhor maneira de aprender lições de matemática em casa

A maneira de aprender matemática pode ser diferente para cada pessoa, mas entre os diferentes métodos, o uso de vídeos educacionais da escola virtual INO é conhecido como a melhor maneira de aprender matemática em casa. Desta forma, pode facilmente utilizar os ensinamentos dos melhores professores do país de forma gratuita. Além disso, pode ver estes vídeos as vezes que quiser e tirar apontamentos.

Mudança de atitudes em relação à matemática

Se também tem uma atitude negativa em relação às aulas de matemática e pensa que não vai aprender esta lição, está na altura de mudar de atitude. A matemática é uma disciplina agradável, claro, se fizermos amizade com ela.

Identificar os pontos fracos e os pontos fortes

Ao estudar matemática, é preferível ter sempre consigo um papel e uma caneta e, sempre que se deparar com um problema, escrevê-lo para poder perguntar ao seu professor. Desta forma, aprenderá os conceitos que não compreendeu e dominará a matemática com o tempo.

Não resolver problemas mentais

Um dos pontos importantes na aprendizagem da matemática é a resolução de questões no papel. O melhor é não resolver os problemas na cabeça e, ao escrevê-los no papel, aprender os pormenores e aprender os pontos que não sabe.

Aprender a analisar

A melhor maneira de aprender matemática é aquela que enfatiza a análise, porque dessa forma aprende-se primeiro a compreender o significado da pergunta e depois a encontrar a resposta correta.

Resolver o exercício de grupo

Um dos métodos que pode ser muito eficaz na aprendizagem da matemática é a resolução de exercícios em grupo. Pode ler matemática e resolver exercícios com um ou mais dos seus amigos. Desta forma, podem explicar conceitos diferentes uns aos outros e ter uma visão global.

Planeamento e revisão de conteúdos

A planificação é um dos pontos mais importantes no estudo da matemática. Com o planeamento, pode ler todos os conteúdos e exercícios do livro sem stress e preparar-se para os exames. Também deve rever o que leu em intervalos regulares. Pode dedicar os fins-de-semana a rever o que leu.

Apresentação do melhor método de aprendizagem da lição de matemática do sétimo ano

Se quisermos mencionar o método mais recente de aprendizagem da matemática no sétimo ano, devemos mencionar os vídeos educativos. Os alunos podem facilmente aprender e dominar o material utilizando estes vídeos.

Novo método de aprendizagem da lição de matemática do oitavo ano

É muito fácil usar a melhor maneira de aprender matemática para a 8ª série. Basta clicar no link abaixo e aprender matemática gratuitamente usando vídeos educacionais.

A melhor maneira de aprender matemática do 9º ano

O material abordado na matemática do 9º ano será completado no 10º ano. Por conseguinte, o 9º ano é considerado como uma base para o 10º ano e pode facilmente dominar o conteúdo de matemática do 9º ano com a ajuda de vídeos educativos.

A melhor maneira de aprender a 10ª lição de matemática

Matemática do 10º ano, a matemática é uma das disciplinas mais importantes neste domínio e é necessário que os alunos aprendam bem os conteúdos do manual escolar. Aproveitar o ensino dos melhores professores de matemática do país pode ser uma grande oportunidade, e pode aproveitar esta oportunidade utilizando os vídeos educativos de matemática da escola virtual INO.

A melhor maneira de aprender a lição experimental de matemática do 10º ano

A melhor maneira de aprender matemática é utilizando vídeos educativos que lhe dão a oportunidade de ver esses vídeos educativos quando e quantas vezes quiser.

A melhor maneira de aprender matemática e estatística humana

Os alunos de humanidades concentram-se mais em matérias de memorização e, por isso, estudar matemática pode ser um desafio para estes alunos. Uma das melhores formas de ensinar matemática é utilizar vídeos educativos que podem ajudar muito os alunos de humanidades.

A melhor maneira de aprender a 11ª lição experimental de matemática

O estudo contínuo e quotidiano é a melhor coisa para aprender a 11ª matemática experimental. Isto permite aprofundar a aprendizagem dos conceitos e das matérias. Entre os diferentes métodos e ferramentas de aprendizagem, o melhor método é utilizar os vídeos educativos da escola virtual INO.

A melhor maneira de aprender a 11ª lição de matemática humana

Uma forma de melhorar as suas competências matemáticas é ver vídeos de instruções. Desta forma, pode compreender melhor os conceitos e resolver mais facilmente os exercícios de matemática.

A melhor maneira de aprender a 12ª lição experimental de matemática

O décimo segundo ano é muito importante para os alunos e a aula de matemática é também muito importante. Neste contexto, a utilização de diferentes técnicas de aprendizagem da matemática será muito útil. Entre as várias técnicas, a utilização de tutoriais em vídeo é a melhor.

A melhor maneira de aprender a 12ª lição de matemática humana

O 12º ano de matemática humana envolve a compreensão de conceitos e a memorização de fórmulas. Para memorizar as fórmulas, podem ser utilizados cartões flash, repetição e prática. Mas é necessário mais trabalho para compreender os conceitos. Uma das coisas mais importantes será a educação, e usar os vídeos educativos de matemática da INO Virtual School é a melhor opção nesse sentido.

A influência do conhecimento do professor de matemática no processo de ensino

Um professor de matemática, por muito forte que seja do ponto de vista científico, mas que não tenha um bom comportamento humano, não será aceite pelos alunos. Uma personalidade equilibrada, juntamente com o domínio académico de um professor, faz com que ele seja valorizado e respeitado pelos seus alunos. O domínio do conteúdo e do tema da aula e a ética do professor de matemática é uma das suas caraterísticas mais importantes.

Relações entre professores e alunos

Neste tópico, começaremos por examinar as caraterísticas de personalidade dos professores e, em seguida, a influência e o papel do seu comportamento no processo de ensino. No processo desta revisão, analisaremos a atitude do professor em relação aos alunos e dividi-la-emos em dois grupos: Orientada para o aluno e orientada para a aula.

1. Professores orientados para o aluno. Este grupo de professores faz dos alunos o núcleo central das suas actividades e considera-os o foco principal das actividades educativas. Têm em conta a atividade e o crescimento global dos alunos e utilizam materiais didácticos e a transferência de conhecimentos para o seu desenvolvimento. Em geral, este grupo está muito empenhado em desenvolver o talento dos alunos. Entre as ciências, prestam mais atenção às humanidades, especialmente à psicologia.

2. Professores de ensino. Os professores orientados para as lições preocupam-se mais com as lições do que com a educação dos alunos; todos os seus esforços são no sentido de transferir a lição para os alunos de todas as formas possíveis. O grupo de professores não presta atenção aos alunos e às suas diferenças individuais ou não os considera muito importantes. De acordo com este grupo, os alunos são obrigados a aprender completamente a lição e a retribuir ao professor. De acordo com as pessoas deste grupo, os factos científicos preparam os alunos para a vida social. Por esta razão, a aquisição de conhecimentos é de importância primordial. Estes professores interessam-se muito pela ciência e pela tecnologia.

O grupo orientado para as aulas pode ser dividido em dois grupos mais pequenos, ou seja, orientado para as aulas científicas e orientado para as aulas filosóficas. O grupo de estudo científico está mais interessado nos domínios científicos e tenta alargar os seus conhecimentos de dia para dia. Embora os seus materiais didácticos não sejam tão apelativos como os dos cursos filosóficos e sociais, conseguem atrair os alunos devido aos seus vastos conhecimentos nos domínios científicos.

O efeito que os professores de ciências têm sobre os alunos não é causado pela sua personalidade, mas pela amplitude dos seus conhecimentos. Este efeito é normalmente um efeito pedagógico, não educativo, mas com esta descrição, também têm indiretamente um efeito educativo sobre os alunos; embora o interesse deste grupo de professores seja mais nos domínios científicos e nos materiais didácticos do que nos alunos, o seu apego à ciência faz com que, por vezes, os alunos apareçam na sua sala de aula com grande interesse. Este grupo de professores pode ser bom e útil e ter um efeito positivo nos alunos se prestar atenção às necessidades e interesses dos alunos e estabelecer uma relação favorável e afectuosa com eles.

A influência da personalidade e do comportamento do professor de matemática no processo de ensino

O fator mais essencial para criar uma situação favorável à realização dos objectivos da educação matemática é o professor. É ele que pode compensar a deficiência dos manuais escolares e a falta de instalações educativas ou, pelo contrário, transformar a melhor situação e tema de ensino num ambiente inativo e pouco atrativo, com a incapacidade de criar uma ligação emocional favorável. No processo de ensino, não são apenas as experiências científicas e os pontos de vista do professor que se tornam efectivos, mas também toda a sua personalidade que afecta a aprendizagem e a transformação do aluno. No processo de ensino, o comportamento e as acções do professor são muito importantes. Para os alunos, as acções e o comportamento do professor são um critério adequado para avaliar os seus conteúdos, afirmações, ordens e orientações. Por isso, o professor deve ser tão nobre no seu comportamento e nas suas acções que se torne um modelo para os seus alunos.

Em relação aos seus alunos, o professor de matemática não deve dar-se o direito de aceitar todas as suas palavras pelo facto de ter nascido uma geração mais tarde do que ele ou de ser alguns anos mais novo do que ele. Um professor deve prestar atenção a todos os seus alunos enquanto ensina. A maioria dos alunos, especialmente no ensino básico e nos primeiros anos do ensino secundário, precisa de mais atenção do professor em função da sua idade e gosta que as suas opiniões sejam ouvidas e consultadas. Se o professor não prestar atenção a esta questão básica e não envolver os seus alunos nas decisões ou pedir sempre um determinado número de opiniões, os seus alunos farão coisas para chamar a sua atenção e provar a sua existência, o que perturbará a ordem da turma e o ensino falhará.

Um professor não deve esquecer a justiça ao lidar com os alunos. Não deve fazer distinções entre os alunos. Se os alunos sentirem que o professor os discriminou, não prestarão atenção e não confiarão nele.

O olhar carinhoso do professor, tal como a sua voz, deve incluir igualmente o estado de espírito de todos os alunos; porque o comportamento do professor pode ser interpretado pelos alunos. O professor de matemática deve falar num tom amável e amigável e evitar usar palavras desnecessárias, não falar devagar e falar de forma a que os alunos possam ouvir facilmente a sua voz. Os professores de matemática são mais do tipo de professores orientados para a ciência. São normalmente rigorosos e pouco afectuosos. Os professores de matemática pensam que se não forem severos, se não forem secos e sérios, os alunos não estudarão matemática e não aprenderão nada de matemática. Muitas vezes, quando os alunos se opõem ao ensino de um professor de matemática, o problema não está relacionado com o ensino do professor, mas sim com o comportamento do professor com o qual os alunos não estão satisfeitos.

A arte do amor e da bondade

Entre as razões que levaram Musa bin Imran às posições mais elevadas e o colocaram no círculo do amor de Deus, contam-se as suas humildes prostrações perante a verdade e a sua bondade para com o povo.

Deus disse-lhe: Era uma vez, quando estavas a trabalhar como pastor e a pastorear ovelhas, um cordeiro que fugiu do rebanho, correste atrás dele, ele perseguiu-te tanto que te cansaste, mas finalmente alcançaste-o e abraçaste-o, acariciaste-o e devolveste-o ao rebanho, e não te zangaste com ele, nem foste duro com ele, aquele que trata assim o animal que lançou é digno de ser professor e guia para os humanos.

Por esta razão, fostes escolhidos para o cargo de profeta e missão. O amor e o afeto são o produto e o fruto doce e benéfico do conhecimento e da consciência, conhecimento cujas ferramentas são os sentidos externos e internos e, tal como a água, é uma doce fonte que nasce no campo da existência para irrigar e atualizar as sementes dos talentos dados por Deus e é uma fonte da existência humana.

Torna-o de fé, moral, dignidade, decoro e polidez e transforma-o num santuário nobre e real. Não há ninguém entre os alunos que não esteja satisfeito com o amor e o afeto dos professores, mas todos os alunos estão muito interessados em serem amados e queridos pelos professores. Se os professores se comportarem com amor e afeto na sala de aula, os alunos comparecerão nas suas aulas com grande interesse. Analisando a situação, pode afirmar-se que um contributo importante para o aparecimento da ciência e para as descobertas e invenções está relacionado com a comunicação humana.

Se um inventor consegue uma invenção, se uma montanha se abre e se um continente é descoberto, é verdade que muitos factores estão envolvidos, mas não podemos ignorar o afeto, o encorajamento e a persuasão. É verdade que muitos estudantes atingem um nível elevado de educação através do trabalho árduo, mas é um erro pensar que o sucesso se deve apenas ao seu esforço e empenho contínuos, mas também que a aprovação e o amor são um contributo significativo para o progresso e a evolução desses estudantes.

Apresentação de 6 métodos eficazes e úteis de ensino da matemática

Nesta secção, são apresentados 6 métodos eficazes e úteis de ensino da matemática e são fornecidas explicações adequadas. Ao utilizar métodos novos e inovadores de ensino da matemática, pode ter mais sucesso no seu trabalho e formar alunos mais bem sucedidos e capazes. Atualmente, os métodos de ensino tradicionais não são muito eficazes e os professores de matemática e de outras disciplinas devem pensar em aprender novas competências e métodos de ensino novos e mais eficazes. De seguida, serão apresentados 6 métodos eficazes de ensino da matemática e, ao mesmo tempo, serão introduzidos artigos para um estudo mais aprofundado neste domínio.

O primeiro método de ensino: Interação com o mundo real

Como explicado no site do método de ensino, num método de ensino chamado interação, os alunos querem interagir com o mundo real e analisar tudo o que aconteceu em diferentes áreas das suas vidas (não só um estágio, mas também é acessível e útil em empregos e diferentes áreas da sociedade).

Um ótimo método de ensino da matemática é utilizar exemplos reais e concretos que acontecem no mundo real. Por exemplo, para exprimir o conceito de derivada, pode ser apresentado aos alunos o exemplo da velocidade. Como sabemos, ao derivar a equação tempo-espaço, obtém-se a velocidade, e este pode ser um bom exemplo durante o ensino da matemática e a discussão da derivada, ou se tivermos o gráfico velocidade-tempo, integrando-o e calculando a área sob o gráfico, podemos obter o deslocamento ou a distância percorrida e este exemplo real pode motivar os alunos a aprender o integral na aula de matemática. Para ensinar a parábola, podemos tomar como exemplo a trajetória de um projétil.

O segundo método de ensino: O método de conferência, um método eficaz para o ensino da matemática

Este método é diferente do método expositivo porque, no método expositivo, o professor é responsável por fornecer informações aos alunos. Neste método, a informação é recolhida e apresentada pelos alunos. Este método pode determinar o nível de conhecimentos dos alunos. Digamos que quer ensinar ao seu aluno a equação quadrática numa próxima aula particular de matemática.

Pode dizer ao seu aluno para estudar a equação quadrática e como desenhar o seu gráfico ou diferentes métodos de cálculo das respostas para a próxima sessão e explicar-lhe na sessão seguinte no prazo de 10 minutos. Numa aula em grupo, pode dividir os alunos em grupos e pedir-lhes que apresentem novos materiais na sessão seguinte. Isto fará com que os seus alunos participem ativamente na aula e, como estudaram previamente, aprenderão bem o seu material didático na aula de matemática.

Este método é muito útil, eficaz e necessário, sobretudo nas aulas de matemática. Talvez se possa aprender outras matérias sem prática, revendo livros ou assistindo às aulas, mas nunca se pode aprender matemática sem prática. Neste método, o professor geralmente incentiva o aluno a repetir o material ou a utilizá-lo através da prática, para que o aluno adquira a proficiência necessária na matéria em questão. Depois de ensinar o conceito de derivada e como derivar funções, o professor de matemática pode pedir aos alunos que resolvam dez problemas relacionados com este tópico. Noutro exemplo, depois de ensinar o importante e desafiante tópico da trigonometria, das razões trigonométricas e dos integrais trigonométricos, o professor de matemática pode dar muitos exercícios aos seus alunos para que eles possam resolver esses exercícios e dominar os tópicos.

Em todos os casos acima referidos, o professor incentiva os alunos a repetir ou a aplicar os conceitos desejados, utilizando o método da prática. Naturalmente, a forma correta de praticar matemática, que é explicada como praticar e estudar para o exame de matemática, também deve ser explicada aos alunos. O aluno não deve habituar-se a utilizar a resolução de problemas e deve aprender a refletir sobre os exercícios e a apresentar uma solução.

O terceiro método de ensino: Método descritivo para o ensino da matemática nas escolas

Este método é um dos métodos mais comuns de ensino da matemática nas escolas iranianas. Neste método, o professor apenas explica o conteúdo matemático e os alunos ouvem as palavras do professor num espaço calmo da sala de aula. É claro que este método é antigo e é melhor combiná-lo com outros métodos. Se o professor de matemática utilizar este método, é melhor fazer perguntas aos alunos enquanto ensina e envolvê-los na aula para que esta não seja aborrecida. Ou este método pode ser combinado com o método do exemplo e da prática. O esforço do professor de matemática deve ser para que os alunos sejam activos e participem. Quanto mais os alunos falarem e explicarem, mais útil será a aula.

O quarto método de ensino: O método de utilização de exemplos para o ensino da matemática

Este método resulta da combinação de vários métodos e pode ser utilizado em todas as fases de ensino de um conceito matemático. Suponhamos que queremos ensinar intuitivamente que uma figura geométrica é um triângulo sem recorrer a uma definição. Neste caso, desenhamos alguns triângulos de diferentes tamanhos no quadro e dizemos à turma que chamamos triângulos a todas estas formas. De seguida, desenhamos outras formas geométricas com alguns triângulos no quadro e pedimos aos alunos que marquem os triângulos. Damos outro exemplo da segunda classe de matemática elementar. Desenhamos alguns rectângulos e pedimos aos alunos que meçam o comprimento dos seus lados e tirem uma conclusão. De seguida, medimos o comprimento do lado de vários quadrados. Finalmente, com estes exemplos, os alunos percebem que, num retângulo, os lados opostos são iguais e que, num quadrado, todos os lados têm a mesma medida.

O quinto método de ensino: Método verbal

Neste método, o professor é o único teólogo. Ele explica tudo, examina as regras, tira conclusões e é o criador do problema. Em suma, o professor é polivalente e o aluno é inútil. O professor é um orador e o aluno é um solucionador de problemas, o professor é um falador e o aluno é um ouvinte.

Este método é semelhante ao método descritivo. Pode ser necessário que o professor fale muito e seja um monólogo para ensinar alguns tópicos matemáticos e incorporar novos conceitos, relações e fórmulas matemáticas. Mas é melhor mudar este método para outros métodos o mais rapidamente possível. Suponhamos que um professor de matemática fala durante 20 minutos sobre o conceito de limite e a resolução de ambiguidades em limites ou ensina a regra de Hospital. A seguir, é muito bom resolver vários exemplos, dar aos alunos prática para resolver e até pedir a um ou dois dos seus alunos que expliquem em linguagem simples tudo o que aprenderam.

Formas de tornar as aulas de matemática mais atractivas com um ensino adequado

Apresentamos de seguida uma série de estratégias para tornar as aulas de matemática mais interessantes, que podem ser úteis para os professores de matemática. A matemática é uma das competências básicas que um aluno deve aprender bem desde o início.

- ❖ Aplicar a formação incorporada e semi-incorporada nos métodos de ensino;
- ❖ A repetição e a prática, o rigor e a revisão dos conteúdos e materiais ensinados ajudam a tornar a aprendizagem da matemática mais colorida;
- ❖ O ensino presencial contribui para a aprendizagem;
- ❖ Atribuir mais tempo ajuda a aprendizagem;
- ❖ O professor deve ensinar matemática com anedotas e histórias;
- ❖ Apresentar conceitos matemáticos e ensinar com jogos e diversão ajuda a aprender matemática;
- ❖ O professor deve envolver os alunos em problemas de matemática;
- ❖ Proporcionar actividades extracurriculares aos alunos;
- ❖ O professor não deve castigar e humilhar os alunos nas aulas de matemática;
- ❖ A tentativa de mudar uma atitude positiva em relação à matemática ajuda a aprendizagem.

Capítulo IV

*As melhores novidades e os novos métodos de
ensino da matemática*

Ensinar através da aplicação: Um dos melhores métodos para ensinar matemática e dar explicações de matemática é mostrar a aplicação. É ótimo, quando se ensina um tópico, mostrar aos alunos onde este novo tópico pode ser aplicado. Por exemplo, quando explica o tema do integral, pode dizer aos alunos que o integral pode ser utilizado para obter a área sob o gráfico. Ou, no curso de física, quando o gráfico da velocidade é dado em termos de tempo, ao obter a área sob o gráfico através da integração, o deslocamento do objeto pode ser obtido. Assim, quando o aluno tem informação sobre o uso do integral e sabe que o integral lhe será útil noutras aulas, mostrará mais interesse em aprendê-lo. O método de ensino que consiste em mostrar a aplicação, indicando as razões para a aprendizagem de cada tópico, cria uma maior motivação nos alunos para aprenderem e estes escutam os tópicos com mais interesse.

Por isso, tente dar uma aplicação prática para cada tópico que explicar. Como outro exemplo do método de ensino aprendizagem através da aplicação, quando ensinar a derivada, pode voltar a usar o exemplo da aula de física e dizer aos seus alunos que, no diagrama espaço-tempo, o declive da linha tangente à curva em qualquer ponto através da derivada mostra a velocidade do objeto. Desta forma, os alunos ficarão mais interessados em aprender.

Titulação dos conteúdos no início do ensino da matemática

Uma das melhores maneiras de começar a ensinar matemática ou mesmo a dar explicações de matemática é delinear os tópicos a serem apresentados no início da sessão. Desta forma, o aluno compreenderá em geral o que vai ser ensinado e preparar-se-á para aprender a lição. Por exemplo, se o tema das razões trigonométricas vai ser examinado, os subtítulos preparados para o ensino podem ser escritos no canto do quadro e cada tema que foi ensinado pode ser assinalado ao lado. No caso das razões trigonométricas, por exemplo, o professor de matemática pode escrever os títulos (introdução e introdução, apresentação das fórmulas trigonométricas mais importantes, exemplos de soluções, resumos e conclusões) no quadro no início da aula e assinalar cada etapa concluída ou circundá-la. Desta forma, o material será estruturado na mente dos alunos e eles compreenderão a que categoria pertence cada tópico de ensino, e a durabilidade destes materiais na mente dos alunos é maior.

Comportamento adequado e atenção a todos os alunos durante o ensino da matemática

Em relação aos seus alunos, o professor de matemática não deve dar-se o direito de aceitar todas as suas palavras pelo facto de ter nascido uma geração mais tarde do que ele ou de ser alguns anos mais novo do que ele. Um professor deve prestar atenção a todos os seus alunos enquanto ensina. A maioria dos alunos, especialmente no ensino básico e nos primeiros anos do ensino secundário, precisa de mais atenção do professor em função da sua idade e gosta que as suas opiniões sejam ouvidas e consultadas. Se o professor não prestar atenção a esta questão básica e não envolver os seus alunos nas decisões ou pedir sempre um certo número de opiniões, os seus alunos farão coisas para chamar a sua atenção e provar a sua existência, o que perturbará a ordem da turma e o ensino falhará.

Um professor não deve esquecer a justiça ao lidar com os alunos

O professor não deve fazer distinções entre os alunos. Se os alunos sentirem que o professor os discriminou, não prestarão atenção e não confiarão nele. Os professores de matemática são mais do género dos professores orientados para a ciência. São normalmente rigorosos e pouco carinhosos. Os professores de matemática pensam que se não forem severos, se não forem secos e sérios, os alunos não estudarão matemática e não aprenderão nada sobre matemática. Muitas vezes, quando os alunos se opõem ao ensino de um professor de matemática, o problema não está relacionado com o ensino do professor, mas sim com o comportamento do professor com o qual os alunos não estão satisfeitos.

Método de ensino exploratório na resolução de problemas matemáticos

A aprendizagem exploratória é um dos métodos de ensino e refere-se às situações educativas em que o aluno atinge o objetivo desejado com ou sem a orientação limitada do professor. A principal caraterística do método exploratório é a quantidade de orientação que o professor dá ao aluno. O modelo exploratório coloca os alunos numa posição em que testam as suas questões através do pensamento, da exploração e da investigação com a ajuda da observação e da recolha de dados para obter resultados através da troca de informações em grupos de trabalho. Com esta abordagem, para além de aprenderem factos científicos, adquirem também o método e a atitude científicos.

Métodos novos e actualizados de ensino elementar

Uma série de métodos actualizados e novos de ensino da matemática que podem ser utilizados no ensino básico

A. Método descritivo

Neste método, o professor é o orador e o aluno é o ouvinte. Este é o método de ensino mais comum nas escolas do nosso país. Se não juntarmos este método a outros métodos de que falaremos mais tarde, a única coisa boa é manter os alunos da turma calados. Mas como os alunos não têm um papel importante na aprendizagem dos conceitos, a sala de aula torna-se aborrecida para eles e, em breve, poderão não gostar da escola, das aulas e dos livros.

B. Método analógico

Neste método, o conceito desejado é apresentado através de uma história adequada. A aplicação do método da analogia deve-se ao facto de começar com a história. Normalmente atrai a atenção e a precisão dos alunos e, além disso, como o professor tira conclusões da turma enquanto conta a história, os alunos sentem-se responsáveis por participar mais nas respostas. Este método reduz o cansaço da apresentação de conceitos matemáticos simples e torna o ensino mais rápido.

C. O método de apresentação das regras

O objetivo deste método é fornecer regras e instruções especiais que o aluno utiliza para realizar acções ou problemas que são um modelo desta regra. Estas regras podem ser simples, como a leitura de números de dois algarismos a partir de 20, como 32, 42, 52, ou, em classes superiores, regras como a adição de números em coluna ou regras mais complexas, como a divisão de duas fracções. Infelizmente, a utilização deste método leva muitas vezes os alunos a tornarem-se numa máquina de calcular, com a diferença de que a máquina normalmente não comete erros na aplicação das regras dadas, mas o aluno comete frequentemente erros na sua aplicação.

D. O método de utilização de exemplos

Este método é uma combinação de vários métodos. Pode ser utilizado em todas as fases do ensino de um conceito matemático. Suponhamos que queremos ensinar intuitivamente o carácter quadrado de uma figura geométrica sem utilizar a definição. Neste caso, desenhamos vários quadrados de diferentes tamanhos no quadro e dizemos à turma que chamamos quadrados a todas estas figuras. De seguida, desenhamos outras formas geométricas com alguns quadrados no quadro e pedimos aos alunos que marquem as arestas. É de salientar que, nesta fase da apresentação, o conhecimento da forma geométrica pretendida é desejado. Por isso, devemos colocar questões como "Porque é que esta forma é quadrada?" e "Porque é que esta não é uma forma quadrada?", recusou separadamente.

Comparação do modelo de ensino da matemática nas escolas alemãs, japonesas e americanas

Os métodos de ensino da matemática nas escolas de diferentes países seguem determinados padrões. Apesar da variedade de métodos de ensino da matemática entre os professores de uma determinada cultura, apesar destas diferenças aparentes, os mesmos objectivos e funções comuns podem ser observados nos métodos de ensino de todos os professores dessa cultura específica, o que é considerado como um modelo de ensino. Os modelos de ensino da matemática entre culturas diferentes podem não ter muitas diferenças externas, mas, no interior, os objectivos de aprendizagem e as funções do processo de ensino têm diferenças fundamentais. Neste estudo de revisão, ao analisar o modelo de ensino da matemática nas escolas destes três países, verificou-se que o ensino da matemática nas escolas alemãs está associado ao desenvolvimento de métodos avançados. Nas escolas japonesas, com ênfase na resolução de problemas e no trabalho de grupo dos alunos, pretende-se a descoberta de diversas soluções e o discurso matemático desempenha um papel central neste processo. Mas nas escolas americanas, a aprendizagem da matemática só é considerada através da prática e da repetição, e a solução do problema é fornecida pelo professor. A comparação dos objectivos destes modelos revelou diferenças ocultas em semelhanças aparentes e verificou-se que uma atividade comum aos três modelos conduz a resultados completamente diferentes.

Caraterísticas educativas em três países: Alemanha, Japão e América

Uma caraterística do ensino na Alemanha é o desenvolvimento de métodos avançados. No Japão, os professores são menos activos e permitem que os alunos descubram formas de resolver os problemas por si próprios. Uma caraterística distintiva do ensino no Japão é a resolução organizada de problemas. Na América, os conteúdos não são geralmente adequados e o nível de ensino é menos avançado e a lógica e o raciocínio matemático são menos seguidos do que nos outros dois países. Os professores definem conceitos e mostram métodos de resolução de problemas específicos. Depois, os alunos querem memorizar as definições e praticar os métodos. Uma caraterística distintiva do ensino na América é a aprendizagem de palavras e a prática de métodos.

Métodos de ensino da matemática nas escolas primárias da América, dos países desenvolvidos e do Japão

Os resultados dos estudos internacionais do Times 3 mostram que, embora os alunos iranianos não tenham tido um bom desempenho em matemática, alguns países mostraram progressos significativos. Entre estes países encontra-se o Japão. Os inquéritos em vídeo realizados nas turmas de alguns destes países indicam que há vários factores que contribuem para criar grandes diferenças no progresso académico dos alunos. Um desses factores é o método de ensino diferente nos vários países.

De acordo com a ISNA, o sistema educativo do Japão inclui 6 anos de ensino primário, 3 anos de ensino secundário, 3 anos de ensino médio e 4 anos de universidade. O ensino obrigatório tem a duração de 9 anos e inclui 6 anos de ensino primário e 3 anos de ensino secundário. O sistema de ensino primário tem 6 anos e o ano académico tem três períodos de três meses. O primeiro período vai de 1 de abril a junho, o segundo trimestre vai de setembro a dezembro e o terceiro trimestre vai de janeiro a março. As férias de verão são de cerca de 40 dias entre o primeiro e o segundo trimestres, as férias de inverno são de 14 dias entre o segundo e o terceiro trimestres e as férias de primavera são de 10 dias entre o terceiro e o primeiro trimestres. As escolas estão fechadas aos sábados e domingos.

Uma série de outros métodos eficazes e úteis de ensino da matemática

Os tipos de novos e novos métodos de ensino da matemática são os seguintes

1. Método verbal: Neste método, o professor é o único orador. Ele explica tudo, examina as regras, tira conclusões e é o criador do problema.

2. Método de ensino em linguagem de máquina (ensino de regras): Este grupo considera que o conhecimento das regras e técnicas de cálculo é suficiente para os alunos. Se o aluno continuar a estudar, então será argumentado e compreenderá a matéria, e se não continuar, estes cálculos ser-lhe-ão úteis, e qual é o objetivo de tal e tal matéria ser assim e não assim.

3. Método de ensino argumentativo das línguas: Os apoiantes deste método, ao contrário do grupo anterior, aceitam o ensino com base no raciocínio. Acreditam que a aprendizagem se mistura com a lógica. Por isso, o ensino deve ser feito com argumentos e provas. Em primeiro lugar, a definição e os princípios devem ser enunciados e, depois, as conclusões podem ser iniciadas utilizando as leis da lógica.

4. Método exploratório: A aprendizagem exploratória é um processo em que o aluno, de forma autónoma e com ou sem a orientação do professor, descobre um princípio ou uma lei e resolve um problema.

5. Método concetual: Neste método, dá-se mais ênfase aos conceitos e menos às competências. Acreditamos que confiar demasiado num deles nos distanciará do outro, pelo que devemos enfatizar de forma equilibrada os conceitos e a utilização de métodos.

6. Método ativo: Neste método, o objetivo é que os alunos participem ativamente no processo de ensino.

Capítulo V

Método de ensino da matemática

Como professor particular de matemática ou professor de matemática numa escola, provavelmente tem a questão de saber qual é o melhor método de ensino da matemática? Quais são os métodos novos e eficazes de ensino da matemática? Que recursos posso utilizar para aprender mais sobre como ensinar melhor a matemática nos diferentes graus de ensino? Por exemplo, o método de ensino da matemática elementar é ligeiramente diferente devido à tenra idade dos alunos, ou o método de ensino da matemática para o exame de admissão devido às condições especiais dos alunos, mas, em geral, seguindo os pontos abaixo, o nível da sua aula de matemática melhorará em grande medida.

1. Mostrar aos alunos a aplicação da matemática na vida quotidiana

Aprender matemática pode ser difícil, especialmente para os alunos do ensino básico, devido à sua natureza abstrata e intangível. Por isso, na medida em que puder falar e dar exemplos das suas várias aplicações na vida quotidiana como professor particular de matemática ou professor de matemática da escola, na medida em que puder explicar a ligação da matemática a diferentes domínios, os alunos compreenderão melhor esta lição e, consequentemente, interessar-se-ão mais pela matemática.

2. Preste atenção aos estilos de aprendizagem dos alunos no seu método de ensino da matemática

Os alunos têm diferentes estilos de aprendizagem, como o visual, o auditivo, o cinestésico e o de leitura/escrita. Na escola, devido ao elevado número de turmas, o professor não tem tempo suficiente para abordar todos os estilos de aprendizagem, mas como professor particular de matemática, tem a oportunidade de identificar o estilo de aprendizagem do seu aluno e, no método de ensino da matemática que considera para ele, o treino e a consideração de tarefas que correspondem ao mesmo estilo para o aluno. Por exemplo, para os alunos ou estilo de aprendizagem visual, é melhor usar mais imagens e vídeos. Ou, para um aluno com um estilo de aprendizagem motor, fazer actividades práticas e concretas no ensino da matemática pode ser muito útil.

3. Permita que os alunos apresentem as suas próprias ideias e soluções.

Tanto quanto possível, tente pedir ao seu aluno que expresse as suas soluções e ideias para resolver uma questão ou problema de matemática. Embora essa solução possa não se enquadrar no currículo, dá confiança ao aluno e fá-lo interessar-se pela aula. No final, pode também ensinar-lhe a solução desejada do livro.

4. O seu objetivo deve ser compreender a lição e não memorizar fórmulas.

Compreender a matemática é mais do que memorizar fórmulas e processos. Memorizar milhares de fórmulas não ajuda a compreender as matérias matemáticas. Como professor de matemática, a sua questão mais importante deve ser a de criar uma compreensão profunda e correta dos conceitos matemáticos.

5. Considerar jogos, software e outras ferramentas periféricas no método de ensino da matemática.

O jogo é uma ferramenta muito poderosa para tornar o ensino da matemática mais interessante. Sugerimos especialmente que utilize jogos matemáticos para desenvolver o seu método de ensino da matemática nos primeiros anos de escolaridade. Por outro lado, existem também algumas ferramentas e programas informáticos que facilitam a compreensão dos conceitos matemáticos pelos alunos dos níveis superiores. O software Geogebra é um desses programas que é utilizado para ensinar e compreender os conceitos matemáticos da melhor forma possível.

6. Tornar o ambiente da sala de aula alegre e atrativo.

Como já referimos, a natureza abstrata da disciplina de matemática faz com que esta pareça uma disciplina seca e aborrecida para muitos alunos. Por isso, o professor de matemática deve tentar criar um ambiente alegre e divertido na aula de matemática. É claro que tornar a aula divertida não significa que não leve a aula a sério ou que não se aproxime demasiado do aluno. Porque, neste caso, os alunos não levam a aula a sério e podem nem sequer fazer corretamente os seus trabalhos de matemática. O professor de matemática deve ser capaz de equilibrar a seriedade e a atratividade da aula para os alunos.

7. Dominar a lição.

Quando falamos sobre como dar explicações de matemática, dominar a lição é uma das coisas mais importantes. A matemática é uma das disciplinas mais importantes nas escolas iranianas. Por isso, os pais prestam especial atenção a esta lição. Para ensinar esta matéria, é necessário estar completamente familiarizado com o tema da aula. Porque podem surgir muitas questões para os alunos durante o ensino. Como bom professor particular, deve ser capaz de dominar a lição para poder responder corretamente às perguntas. No entanto, qualquer professor com qualquer formação pode não saber a resposta a algumas perguntas. Neste caso, tente agir de forma totalmente profissional; forneça ao seu aluno o máximo de informações exactas que puder. Se esta informação não for suficiente, peça ao aluno uma oportunidade para investigar e fornecer informações adicionais na sessão seguinte.

8. Pratica e resolve o problema.

Os exercícios e a resolução de problemas são parte integrante do ensino da matemática. Depois de ensinar cada tópico, é necessário resolver um ou mais exemplos de problemas relacionados para os seus alunos. Neste caso, pode descobrir os pontos fracos, os mal-entendidos e as coisas que o aluno não notou. Depois de corrigir estes problemas, pode passar para o tópico seguinte. O curso de matemática não é como os outros cursos, por exemplo, em biologia ou física, alguns tópicos podem estar completamente separados uns dos outros e, por exemplo, a discussão dos espelhos em física é completamente diferente da discussão da dinâmica em física, e se não souber um destes tópicos em Não terá mais problemas com a matéria, mas a aula de matemática não é assim e todos os tópicos estão ligados uns aos outros, e se tiver um problema no início do trabalho, i.Se tiver um problema no início do trabalho, ou seja, desde o básico, enfrentará um problema em cada nova lição que entrar, claro, isto é apenas Os tópicos básicos não estão relacionados e os diferentes cursos de matemática ainda estão ligados uns aos outros e esta questão exige que pratique e repita profissionalmente para que possa aprender os tópicos de uma forma descritiva e básica no início e dominá-los mais tarde. Chegou o momento dos métodos de teste, ou seja, se não conhecer o método principal de resolução das questões, ser-lhe-á difícil utilizar os métodos e as técnicas de teste, podendo por vezes até ter problemas nesta matéria. A razão para esta questão deve-se ao facto de ter de ser capaz de compreender bem a questão para encontrar a sua solução, enquanto não a conseguir compreender e entender o seu significado, não saberá qual a solução a utilizar. Esta questão só precisa de prática para a aprender bem e para a gravar na sua mente.

Pedir ajuda a um professor

Quando o aluno deixa a aula durante muito tempo e quase toda a informação da aula se perde, precisa da ajuda de um guia experiente. Nestes casos, é necessário um apoio espiritual e científico. Felizmente, não há melhor maneira de aprender matemática na altura certa e de aumentar a sua confiança do que através de aulas particulares. Um bom professor de matemática pode proporcionar-lhe a melhor formação e alcançar o resultado que deseja, esta formação pode ser online, presencial e não presencial.

Mudança de atitude em relação às aulas de matemática

Para começar, é preciso ter uma atitude positiva. Quando a sua atitude em relação à aprendizagem da matemática é ainda negativa e considera que a sua capacidade de compreender a matéria é fraca, não pode fazer grandes progressos. O fator mais importante para mudar as atitudes em matemática é a formação profissional.

Para uma melhor compreensão das fórmulas, estas podem ser traduzidas para persa.

Esta técnica é muito útil para compreender fórmulas, problemas e conceitos matemáticos. Existem livros e recursos importantes para compreender melhor as fórmulas matemáticas. A lista sugerida deve basear-se nas suas capacidades e no seu nível de conhecimentos matemáticos. Estes recursos são muito completos e fornecem explicações que os alunos podem compreender (de fraco a moderado).

Sugiro que considere os seguintes livros didácticos ao comprar

➢ Um livro completo que está totalmente relacionado e coordenado com cada capítulo do livro;

➢ Depois de cada capítulo, faça tarefas descritivas em três níveis: fácil, médio e difícil;

➢ Certifique-se de que escolhe um livro que esteja de acordo com o seu nível académico e capacidade para tirar o máximo partido desse recurso.

Deves ter muita prática em matemática.

Para resolver um problema de matemática, é melhor dedicar algum tempo e começar a resolvê-lo. Antes de mais, pode resolver os problemas lentamente. Não precisa de se apressar e levar o seu tempo para todos os exercícios de matemática. O que a matemática tem de bom é que, passado algum tempo, abre a mente ao pensamento e os alunos resolvem rapidamente os problemas de matemática. Pode ter acesso a muitos livros e recursos. Mas não há necessidade de os utilizar todos ao mesmo tempo. Os exercícios da maior parte dos livros são semelhantes, pelo que resolver esses problemas ao mesmo tempo não vai ajudar.

Encontrar formas diferentes de analisar problemas de matemática.

Para ser um matemático, é preciso ser capaz de resolver um problema de diferentes maneiras. É por isso que parece ser necessário procurar diferentes métodos de análise antes de tomar uma decisão sobre qualquer questão. Esta técnica aumenta a profundidade da aprendizagem da matemática.

Evitar problemas mentais.

Todos sabemos que a matemática é uma disciplina computacional que exige muito raciocínio que temos de praticar no papel. Mas alguns alunos resolvem exercícios de matemática por preguiça ou aborrecimento. Este é um grande erro na aprendizagem da matemática e vai prejudicá-lo muito. Escreva os exercícios de matemática no papel com paciência e resolva a resposta completamente. Mesmo que se engane na resposta, é importante praticar a escrita de soluções.

Resolução de exemplos de perguntas

Os exemplos de problemas de matemática são um dos melhores recursos para aprender este importante tópico. Aqui estão algumas dicas importantes sobre como resolver problemas de matemática:

Dica 1: Ao resolver exemplos de problemas de matemática, é preferível passar às perguntas concebidas depois de cada livro de texto.

Sugestão 2: Procure recursos para resolver problemas que tenham três níveis de conceção: Fácil, médio e difícil.

Dica 3: Primeiro, resolva as perguntas e os problemas sozinho, depois vá à folha de respostas e verifique a resposta novamente e depois decida de novo. No início, será muito difícil, mas a sua mente habituar-se-á a criar novas soluções e aprenderá a analisar cada pergunta.

Dica 4: Se tem dificuldades em matemática, comece com perguntas simples e depois aumente gradualmente o nível das perguntas.

Dica 5: Escreva todos os passos para responder à pergunta e evite resolvê-la mentalmente, mesmo que já tenha resolvido uma pergunta várias vezes.

Nota 6: As perguntas semelhantes entre si e com o mesmo peso não são classificadas e estão dispersas.

Concentração na sala de aula

A matemática é uma disciplina complexa e o seu estudo deve ser suficientemente concentrado nas aulas e estudar as mesmas coisas em todas as aulas. Se não perceberes alguma coisa, não sejas tímido e pede ao professor que te explique para a resolveres.

Lembre-se de resumir para aprender matemática.

O resumo ajuda-o a aprender a lição mais profundamente e melhor. Prepare uma tabela e introduza nela todas as fórmulas aprendidas, bem como os pontos importantes de cada tópico. Neste caso, já não terá de se preocupar em encontrar as fórmulas e os pontos importantes do livro.

Identifique os seus pontos fracos.

À medida que for lendo cada tópico, traga uma caneta e papel para anotar tudo o que não entender ou perguntas que possa ter. Não se esqueça de colocar estas questões ao seu professor no início da sessão seguinte. Este método de aprendizagem da matemática ajudá-lo-á a não se aborrecer com o currículo e a resolver os seus problemas gradualmente.

Prática centrada na memorização de fórmulas e na resolução de problemas.

A concentração é muito importante na resolução de problemas de matemática, bem como na memorização de problemas de matemática. Por isso, se não tem concentração, deve tentar aumentá-la, a melhor maneira é criar concentração e manter o esforço e a vontade de aprender. A melhor maneira de praticar a concentração é quando se está mais concentrado. Comece com pequenos intervalos, gradualmente vai notar que a sua concentração, motivação e esforço vão aumentar e vai passar mais tempo a aprender matemática. O método de memorização de fórmulas matemáticas pode ser considerado como o método de memorização de palavras em inglês para o exame de admissão, que também pode utilizar.

A melhor maneira de aprender matemática durante o semestre.

A melhor coisa que pode fazer durante o semestre para aprender melhor matemática é dividir o seu tempo de estudo durante o semestre e não o adiar para os dias de exames e finais. Assista às aulas regulares e activas da escola e da universidade, estude antes das aulas e não se esqueça de rever depois das aulas. A matemática requer prática na resolução de problemas para ser aprendida, e só quem tiver tempo para memorizar esta importante lição durante o semestre é que pode ter prática suficiente. Não terá tempo suficiente para o fazer durante os exames e poderá não obter o resultado desejado.

A melhor maneira de estudar matemática durante os exames.

Para além da duração do semestre, é necessário ter um bom desempenho durante os exames para obter os melhores resultados. É errado dizer que, por causa do que fiz durante o semestre, não vou conseguir isso durante os exames. Estudar durante o semestre é ótimo, mas é melhor passar o tempo a resumir e a resolver problemas durante os exames. Se tiveres problemas, tem aulas particulares de matemática nestes dias e recebe ajuda de professores experientes. Resolver exemplos de perguntas de exames é também uma das melhores coisas que pode fazer atualmente.

A melhor maneira de aprender matemática é passar no exame.

Se está a estudar para um exame de matemática, todos os itens acima podem ser úteis e eficazes. Mas, para além de observar os itens mencionados, deve também ter em conta as considerações especiais do próprio exame de admissão. Na primeira etapa, procure ler bem o livro didático e revisar alguns exercícios de cada tópico. Depois, é preciso ir para a prova e fazer o teste padronizado. Para poder responder às questões de matemática do vestibular, é preciso dominar completamente os tópicos. Por isso, qualquer que seja a matéria que estudes, não pares até a dominares.

Algumas dicas para aprender matemática

- ❖ Lembre-se que a aprendizagem da matemática deve ser feita na sala de aula, porque a aprendizagem desta lição depende muito do professor.
- ❖ É necessário concentrar-se na matemática. Por isso, ouve-a enquanto aprende. Especialmente porque o professor de matemática é um dos vários professores no fundo da sala de aula, porque tem de utilizar constantemente o bloco de notas.
- ❖ As explicações do professor de matemática devem ser analisadas em pormenor, uma vez que ele apresenta anos de experiência e a lógica matemática da aula.
- ❖ Reconstrua as etapas de resolução dos seus exercícios de língua e escreva o seu guia e escreva o guia para cada disciplina.
- ❖ Não se preocupe com a sua falta de capacidade ou habilidade na resolução de exercícios e problemas, mas não fique completamente feliz, porque ao compreender as suas fraquezas e desvantagens, eliminou metade dos defeitos.
- ❖ Ao decidir sobre os exercícios, adivinhe como pode encontrar exercícios semelhantes ou perguntas do exame.

❖ Ao fazer exercícios de geometria, é importante saber qual é o seu problema. Os métodos mais recentes de interpretação do conteúdo do teorema encontram definições e princípios da matéria, pelo que é melhor compreender a geometria.

❖ A matemática é um processo passo a passo. Por isso, preparar as competências para executar os termos aprendidos anteriormente e compreendê-los é um pré-requisito para a compreensão dos termos matemáticos seguintes.

❖ Seja ativo nas aulas de matemática e registe perguntas, exercícios e passos de solução.

❖ Quando estiver a aprender, tente compreender a estrutura matemática, as relações, as relações com os componentes e a lógica matemática que gere o conteúdo na sua mente.

❖ Ao avaliar-se nos exercícios de matemática, elimina imediatamente as razões do insucesso e do fracasso desportivo. Por exemplo, este fracasso deve-se a:

> Tem dificuldade em compreender a matemática e em resolver exercícios;

> Tem dificuldade em resolver os exercícios que pretende;

> Os exercícios que fez não eram suficientes e não eram necessários.

❖ Veja os exercícios de matemática como uma necessidade, não como uma compulsão, e proceda com uma atitude correta e positiva.

❖ Não se limite a seguir os exercícios do manual, mas utilize também os exercícios dos materiais didácticos.

❖ O princípio básico na realização de exercícios matemáticos é a utilização do raciocínio analógico. Seja sensível e tenha consciência disso para melhorar o seu trabalho.

❖ Faça uma pausa sempre que estiver cansado, porque ficará menos motivado para aprender matemática.

❖ A matemática, como qualquer outra ciência, tem a sua própria linguagem. Compreender e aprender esta linguagem para desfrutar de mais relações com a matemática. A linguagem matemática é uma coleção de números, sinais e símbolos, letras, formas e relações entre eles.

❖ Um dos obstáculos à compreensão da matemática é a falta de uma imagem matemática positiva de si próprio. Estes obstáculos podem ser na compreensão da matemática, na matemática desportiva, no teste de matemática ou na prova de matemática. Tente ultrapassar estes obstáculos com trabalho e desporto.

❖ Os métodos de resolução de problemas têm princípios que devem ser seguidos, trazemos-lhe dicas importantes para que possa resolver os problemas da melhor forma, trazemos-lhe algumas dessas técnicas:

> Compreender o problema significa compreender os pressupostos e as condições da questão;

> Encontrar a ligação lógica entre os dados, a pergunta e a incógnita;

> Encontrar uma solução;

> Executar a função e efetuar os cálculos necessários;

> Verifique as respostas e certifique-se de que estão corretas;

> Encontrar soluções mais curtas ou diferentes.

❖ Nunca pratique antes de ter a certeza de que aprendeu o texto e o princípio da lição, pois é mais provável que falhe.

❖ Nunca tente resolver a questão a menos que:

- Leia atentamente o seu livro de texto;
- Utilize um livro didático ou uma cassete ou CD com instruções;
- Peça ajuda ao seu professor para resolver problemas;
- Recorra aos seus melhores amigos ou colegas de turma para resolver problemas;
- Pedir ajuda a familiares ou outras pessoas.

Referências

Abdoli, J., Ali Ashrafi, M. (2016). Analisar e estudar a natureza da educação e da educação nas escolas. A 2ª Conferência Humanitária Internacional com uma Abordagem Nativo-Islâmica e Enfatizando Novas Pesquisas, [Em Persa].

Agyei DD, Benning I. Pre-service teachers' use and perceptions of Geo Gebra software as an instructional tool in teaching mathematics. Journal of Educational Development and Practice. 2015; 5(1):14-30.

Aminifar E, Saleh Sedghpour B, Valinejad F. [O papel da tecnologia na aprendizagem da matemática]. Jornal de Tecnologia da Educação (JTE). 2011; 5(4): 265-272. Persa.

Bakhtiari, A., Mosadaghinick, K. (2013). Lesson Study; Um modelo para a formação profissional de professores. Jornal do crescimento do ensino secundário, 1(1): 20-21, [Em persa].

Banda, B., Mudenda, V., Tindy, E., Nakai, K. (2014). Prática de estudo de aulas de professores de ciências na Zâmbia: Os seus efeitos, factores potenciadores e dificultadores. 3ª Conferência Internacional New Perspective in Science Education, Florença, Itália, 21 de março.

Behzad, M. (2002). Um excerto do macro-esquema do estudo de problemas matemáticos do país, a Sociedade Iraniana de Matemática. Teerão: Instituto de Educação, [Em persa].

Beninghof, A.M. (2015). Clonar ou não clonar o co-ensino: Fazê-lo funcionar, investigação educacional, 4: 10-15.

Bhagat KK, Chang CY, Huang R. Integrando GeoGebra com TPACK na melhoria do desenvolvimento profissional de professores de matemática em pré-serviço. Na 17.ª Conferência Internacional do IEEE sobre tecnologias de aprendizagem avançadas: 2017: Timisoara, Roménia.

Brand, B.R., Glasson, G. E., Green, A. M. (2006). Factores socioculturais que influenciam a aprendizagem dos alunos em ciências e matemática: Uma análise das perspectivas dos estudantes afro-americanos. School Science and Mathematics, 106(5): 228-236.

Brown AB. Non-traditional preservice teachers and their mathematics efficacy beliefs. Journal of School Science and Mathematics. 2012; 112 (3): 191-198.

Brown, S., Wiburg, K. (2007). Comunidades de estudo de lições: Increasing achievement with diverse students. Thousand Oaks, CA: Corwin Press.

Brush T, Glazewski K, Rutowski K, Berg K, Stromfors C, Van-Nest MH, Stock L, Sutton J. Integrar a tecnologia num programa de formação de professores no terreno: Os projectos PT3ASU. Educational Technology Research & Development. 2003; 51(1): 57-72.

Bunono, A. G. (2012). Estudo de lições: Restructuring Teacher Professional Development in the United States, npublished Doctoral Dissertation of Philosophy, and Lesley University.

Caskey, S.J. e Lenski, M. (2010). Utilizar a abordagem de estudo da lição para planear a aprendizagem dos alunos. Educational Psychology Reader, 1: 441-450.

Caskey, S.J., Lenski, M.M. (2010). Utilizar a abordagem de estudo da lição para planear a aprendizagem dos alunos. Educational Psychology Reader, 1: 441-450.

Chokshi, S., Fernandez, C. (2004). Desafios à importação do estudo de aulas japonesas: preocupações, equívocos e nuances. Phi Delta Kappan, 85(7): 520-525.

Clark-Wilson A, Hoyles C. Tecnologias digitais dinâmicas para uma matemática dinâmica: Implicações para o conhecimento e a prática dos professores. Relatório final. Londres: UCL Institute of Education Press; 2017.

Coletânea de artigos selecionados da 5ª Conferência Iraniana de Educação Matemática, Gabinete de Promoção Científica dos Recursos Humanos do Ministério da Educação, Publicações Abed, primeira edição, inverno de 2003.

Creswell, W. (2011). Educational research: planning, conducting, and evaluating quantitative and qualitative research. 4ª ed. Boston: Pearson pub.

Ebrahim Abadi, h. Coletânea de artigos selecionados da 5ª Conferência Internacional sobre Matemática para Todos, Publicações da Universidade do Curdistão, primeira edição, 2004.

Ellis J, Dare E, Roehrig G. De consumidores a criadores: aprendizagem de aventura e o seu impacto no TPACK dos professores em formação e na integração da tecnologia. Actas da Conferência Internacional da Sociedade para a Tecnologia da Informação e Formação de Professores; 2016. Savannah, GA, Estados Unidos: Associação para o Avanço da Informática na Educação (AACE); 2016. p. 2834-2841.

Farzanpour, A., Nateghi, F. e Seifi, M. (2017). Examinando os princípios que regem a excelência do exercício curricular. Jornal trimestral de pesquisa no quinto ano número um, [em persa].

Fernandez, C. (2002). Aprender com as abordagens japonesas ao desenvolvimento profissional: o caso do estudo de lições. Journal of Teacher Education, 53(5): 395-405.

Fishman B, Davis E. Teacher learning research and the learning sciences. Em RKSawyer (Ed.), The Cambridge handbook of the learning sciences, Cambridge: Cambridge University Press. 2006; 535-550.

Flick L, Bell R. Preparar os professores de ciências do futuro para a utilização da tecnologia: Diretrizes para os professores de ciências. Questões Contemporâneas em Tecnologia e Formação de Professores. 2000; 1(1): 39-60.

Glaungernik, B. (2011). Investigando o efeito das aulas sobre o pensamento crítico dos professores nas áreas. Mashhad. Tese de mestrado, Universidade Payam Noor, Ray, [Em persa].

Herring MC, Koehler MJ, Mishra P. (Eds.) Handbook of technological pedagogical content knowledge (TPACK) for Educators (2nd Ed.). New York: Routledge; 2016.

Hibert, J., Gallimore, R., Stigler, J. W. (2002). Uma base de conhecimentos para a profissão docente: What would it look like and how can we get one? Educational researcher, 31(5): 3-15.

Hoorizad, B. (2010). Investigando a eficácia da investigação baseada na criatividade no desenvolvimento das capacidades profissionais dos professores e na aprendizagem do comportamento criativo de professores e alunos. Counseling and psychotherapy culture, 1: 75-92, [Em persa].

Ilieva, V. (2008). Transforming Teachers' Knowledgeand Skills: Lesson Study in Mathematic Instruction Sensitivefor Diverse Learnersat Middle Level.Dissertação de Doutoramento não publicada, Utah State University.

Inprasitha, M., Changsri, N. (2014). Crenças dos professores sobre as práticas de ensino no contexto do estudo da lição e da abordagem aberta. Procardia-Ciências Sociais e do Comportamento, 116: 437- 442.

Koehler MJ, Mishra P, Yahya K. Tracing the development of teacher knowledge in a design seminar: Integrando conteúdo, pedagogia e tecnologia. Computadores e Educação. 2007; 49(3): 740-762.

Koehler MJ, Mishra P. Teachers learning technology by design. Journal of Computing in Teacher Education. 2005; 21(3): 94-102.

Ladson-Billings, G. (2006). From the achievement gap to the education debt: Understanding achievement in U. S. schools. Educational Researcher, 35(7): pp. 318-334.

Lewis, C. (2002). Estudo de lições: Como é que pode contribuir para a melhoria de todo o sistema? Recuperado em 14 de janeiro de 2015, de http://www.csus.edu/mase /calessonstudy /2008/docs /proceedings /Catherine_Lewis.pdf.

Lewis, C., Perry, R., Hurd, J. (2009). Melhorar o ensino da matemática através do estudo de aulas: um modelo teórico e um caso norte-americano. Journal of Mathematics. Formação de Professores, 12: 285-304.

Marofi, Z., Karami, Z. (2015). Uma nova abordagem para o desenvolvimento profissional do ensino. Jornal de Ciências da Educação, Universidade Shahid Chamran de Ahvaz, 6(22): 39-66.

McGee D, Deborah MR. Utilizar uma abordagem apoiada pela tecnologia para a fluência multi-representacional dos professores em formação: Unificar os conceitos matemáticos e as suas representações. Questões Contemporâneas em Tecnologia e Formação de Professores (CITE Journal). 2015; 15(4): 489-513.

Meyer, R.D. (2005). Estudo de lições: The Effects on Teachers and Students in Urban Middle Schools. Dissertação de

Doutoramento não publicada em Currículo e Instrução, Universidade de Baylor.

Mostafanejad, Ch., Savareh, O., Khakzad, F., Akbarzadeh, Z. (2016). Investigando o Impacto do Estudo na Motivação Educacional e Autoeficácia dos Professores de Educação Física na cidade de Piranshahr. Gestão do Desporto. 8(1): 151-167, [Em persa].

Mouza C, Karchmer-Klein R, Nandakumar, R, Ozden SY, Hu L. Investigando o impacto de uma abordagem integrada para o desenvolvimento do conhecimento de conteúdo pedagógico tecnológico (TPACK) dos professores em formação. Journal of Computers & Education. 2014; 71: 206-221.

Mumtaz S. Factores que afectam a utilização das tecnologias da informação e da comunicação pelos professores: A review of the literature. Journal of Information Technology for Teacher Education. 2000; 9(3): 319-341.

Murata, A., Takahashi, A. (2002). Estudo de aulas a nível distrital: Como os professores japoneses melhoram o seu ensino da matemática elementar. Trabalho apresentado na Reunião Anual do Conselho Nacional de Professores de Matemática, Las Vegas, NV.

Naeli, H., Neshat dost, H. T. (2004). Estudo do Estilo Cognitivo de Independência - Dependência de Campo com Criatividade, Psicologia, 1(8): 40, [Em persa].

Conselho Nacional de Professores de Matemática (NCTM). Mathematics teaching today: Melhorar a prática, melhorar a aprendizagem dos alunos (2.ª ed.).

Ngang, T. K., Sam, L. C. (2015). Apoio do diretor no estudo da lição. Procardia-Ciências Sociais e do Comportamento, 205: 134-139.

Niess ML. Investigating TPACK: Knowledge growth in teaching with technology. Journal of Educational Computing Research. 2011; 44(3): 299-317.

Pajares F. As crenças dos professores e a investigação educacional: Limpando um constructo confuso. Revisão da Investigação Educacional. 1992; 62(3): 307-332.

Porsche, L. Towards audio-visual education, (Parviz Sayar), Islamic Republic of Iran Broadcasting Press, primeira edição, 1987.

Romani, S., Haji Hoseinnejad, Gh. Hoseini khah, A., & Fazeli, N. (2016). Identificando o papel da cultura do professor no encontro de modificações curriculares: um estudo combinado. Investigação em Ensino, 4(2): 29-53.

Roshanghias, E. (2014). Effect of Lesson study on the professional competence of elementary school teachers in a district of Sari. Tese de mestrado, Universidade de Mazandaran, [Em persa].

Saito, E., Hawe, P., Hadiprawiroc, S. & Empedhe, S. (2008). Initiating Education Reform through Lesson Study at a University in Indonesia, Educational Action Research, 16(3): 391-406.

Sarkaranani, M. (2005). Teacher Participatory Research in Classroom: Japan's Experience in Teacher Training at School. Quarterly journal of education and training, 59: 76-61, [Em persa].

Sarkararani M. R. (2006) Transnational Learning: A integração do JugyouKenkyuu na formação de professores iranianos, In: Lesson Study: International Perspective on Policy and Practice, Educational Science Publishing House, pp.37-75.

Sarkararani, M. (2012). Estudo de lições para melhorar a prática. O crescimento do ensino fundamental, 16(3): 4-5, [Em persa].

Sarkararani, M.R., Fukaya, K. (2010). Aprender para além dos limites: Professores japoneses aprendem a refletir e reflectem para aprender, Investigação infantil.

Sarmad, Z, Bazargan, A., Hejazi, E. (2011). Métodos de investigação em ciências do comportamento. Teerão: Ageh publishing, [Em persa].

Scherer, M. (2017). O que não sabíamos quando fomos ensinados. Making It Work, 73(4): 7-12.

Shahriari, P. Reconciliation with Mathematics, Colorful Publications, primeira edição, fevereiro de 1984.

Soleimani, I., Ahmadi, H. (2017). Identificando as barreiras aos estudos de exercícios: Um Estudo de Caso das Escolas Primárias em Educação na Cidade de Dharamsh (pesquisa mista). Investigação em ensino, n.º 5, [Em persa].

Stigler, J.W., Hiebert, J. (2009). Lacuna educacional: Best Ideas from Teachers of the World to Improve Classroom Education [As melhores ideias de professores de todo o mundo para melhorar o ensino na sala de aula]. Teerão: School Publications, [Em persa].

Sug Shin W, Han I, Kim I. Teachers' technology use and the change of their pedagogical beliefs in Korean educational context. International Education Studies. 2014; 7(8): 11-22.

Vrasidas C, McIsaac M. Integrar a tecnologia no ensino e na formação de professores: Implications for policy and curriculum reform. Educational Media International. 2001; 38(2/3): 127-132.

Vrikki, M., Warwick, P., Vermunt, J. D., Mercer, N., Halem, N. V. (2017). Aprendizagem de professores no contexto do estudo de lições: Uma análise baseada em vídeo das discussões dos professores.

Wiburg, K., Brown, S. (2007). Comunidades de estudo de lições: Increasing achievementwith diverse students. Thousand Oaks, CA: Corwin.

Wong SS. Desenvolvimento das crenças dos professores através da instrução em linha: A one-year study of middle school science and mathematics teachers' beliefs about teaching and learning. Revista de Educação em Ciência, Ambiente e Saúde (JESEH). 2016; 2(1): 21-32.

Yamnitzky, G. S. (2010). Perspectivas dos professores do ensino básico sobre o impacto que a participação no estudo da lição teve no seu conteúdo matemático e no conhecimento pedagógico do conteúdo. Dissertação de doutoramento não publicada, Universidade de Pittsburgh.

Yazdaki, S. (2004). A eficácia da implementação de um design visual na aprendizagem do curso de matemática do primeiro ano em Isfahan. Organização da Educação da Província de Isfahan, [Em persa].

Yoshida, M. (1999). Lesson study: A case of a Japanese approach to improving instruction through school-based teacher development (Dissertação de doutoramento não publicada). Universidade de Chicago, Chicago, IL.

Yoshida, M. (2005). An Overview of Lesson Study (Uma visão geral do estudo de lições). Em P. Wang-Iverson & M. Yoshida (Eds.), Building our understanding of lesson study, Philadelphia: Research for Better Schools, pp. 3-14.

Zambak V. Desenvolvimento de conhecimentos e mudança de crenças de professores de matemática em formação num curso de matemática com recurso a tecnologias [dissertação]. Todas as dissertações: Clemson University; 2014.

More
Books!

Printed by Books on Demand GmbH, Norderstedt / Germany